AKADEMIE WISSENSCHAFTEN UND KÜNSTE NORDRHEIN-WESTFALEN

Nordrhein-Westfälische Akademie
der Wissenschaften und der Künste

Geisteswissenschaften Vorträge · G 425

Herausgegeben von der
Nordrhein-Westfälischen Akademie der Wissenschaften und der Künste

RUDOLF SCHIEFFER

Wissenschaftliche Arbeit im 9. Jahrhundert

Ferdinand Schöningh

Paderborn · München · Wien · Zürich

507. Sitzung vom 18. Februar 2009 in Düsseldorf

Bibliografische Information der Deutschen Nationalbibliothek

Die Deutsche Nationalbibliothek verzeichnet diese Publikation in der Deutschen Nationalbibliografie; detaillierte bibliografische Daten sind im Internet über http://dnb.d-nb.de abrufbar.

Gedruckt auf umweltfreundlichem, chlorfrei gebleichtem und alterungsbeständigem Papier ∞ ISO 9706.

Internet: www.schoeningh.de

Printed in Germany. Herstellung: Ferdinand Schöningh, Paderborn

ISBN 978-3-506-76995-4

Wissenschaftliche Arbeit im 9. Jahrhundert

von *Rudolf Schieffer*, München

In der langen Geschichte der abendländischen Wissenschaft genießt das 9. Jahrhundert nicht gerade den besten Ruf[1]. Zwar sind zwischen 800 und 900 im Zuge der karolingischen Bildungserneuerung erheblich mehr lateinische Werke entstanden als in den hundert Jahren zuvor (und übrigens auch im Vergleich zum nachfolgenden 10. Jahrhundert)[2], doch erschöpft sich dieses Schrifttum zu Themen vornehmlich der Theologie und Philosophie, des Kirchenrechts und der Naturkunde sowie zu den verschiedenen Fächern der Artes liberales in aller Regel darin, ältere Wissensvorräte aus der christlichen Spätantike, mitunter auch aus dem klassischen Altertum, wiederzugeben, zusammenzufassen oder didaktisch aufzubereiten. Originelle Gedanken, innovative Fragestellungen oder gar bewußte Auseinandersetzung mit überkommenen Lehren, also wesentliche Elemente schon des scholastischen und dann des neuzeitlichen Ideals von wissenschaftlichem Streben, sind in diesen kompilatorischen Texten, die in moderner Wiedergabe immerhin viele Tausende von Druckseiten füllen, nicht leicht anzutreffen[3], was ihnen nicht ganz selten sogar den Vorwurf des Plagiats eingetragen hat.

Den Sachverhalt hat der Fuldaer Abt und spätere Mainzer Erzbischof Hrabanus Maurus († 856) durchaus selbst zur Sprache gebracht, aber eben

1 Vgl. noch jüngst Otto Mazal, Geschichte der abendländischen Wissenschaft des Mittelalters, Bd. 1 (Graz 2006) S. 42: „In der Frühzeit bis zum 11. Jahrhundert kann von einem nennenswerten wissenschaftlichen Leben kaum gesprochen werden", allerdings ebd. S. 51: „Die Epoche Karls des Großen († 814) stellte für die Geschichte mittelalterlicher Wissenschaft einen Markstein dar".

2 Überblicke bei Max Manitius, Geschichte der lateinischen Literatur des Mittelalters, Bd. 1: Von Justinian bis zur Mitte des zehnten Jahrhunderts (Handbuch der Altertumswissenschaft IX/2, Bd. 1; München 1911) S. 243-718 („Der karolingische Humanismus und sein Verfall"), Franz Brunhölzl, Geschichte der lateinischen Literatur des Mittelalters, Bd. 1: Von Cassiodor bis zum Ausklang der karolingischen Erneuerung (München 1975) S. 241-506, Science in Western und Eastern Civilization in Carolingian Times, ed. by Paul Leo Butzer/Dietrich Lohrmann (Basel/Boston/Berlin 1993).

3 Vgl. Giles Brown, Introduction: the Carolingian Renaissance, in: Carolingian culture: emulation and innovation, ed. by Rosamond McKitterick (Cambridge 1994) S. 1-51, hier S. 41f.; zum Wandel der Auffassung bis zum Hochmittelalter vgl. Neil Hathaway, Compilatio: From Plagiarism to Compiling, in: Viator 20 (1989) S. 19-44.

nicht als Mangel eingeschätzt. Im an Kaiser Lothar gerichteten Widmungsbrief zu seinem Ezechiel-Kommentar legte er dar, er habe die heiligen Väter – gemeint sind Hieronymus, Augustinus und Gregor der Große – ausgeschrieben, weil er sich nicht hochmütig eigener Weisheit rühmen, sondern demütig einem Wort Jesu folgen wolle, der gesagt habe: „Meine Lehre ist nicht von mir, sondern von dem, der mich gesandt hat ... Wer von sich aus redet, sucht nur den eigenen Ruhm“ (Joh. 7, 16-18)[4]. In moralisierender Verbrämung artikuliert sich hier die schon im 8. Jahrhundert bei den Angelsachsen anzutreffende und nicht zuletzt durch Hrabans Lehrer Alkuin († 804) ins Frankenreich vermittelte Vorstellung, angesichts der unvergleichlichen geistigen Leistungen aus fernerer Vergangenheit komme es weniger auf den verwegenen Mut zu eigenen Konzepten als vielmehr darauf an, jene Schätze in den verstreuten Codices aufzuspüren, zusammenzutragen, abzuschreiben und für die eigene Gegenwart nutzbar zu machen[5].

Die äußeren Bedingungen dafür waren günstig. Die Dimensionen des von Karl dem Großen um 800 vollendeten, die Alpen überspannenden Großreiches von der Eider bis zum Volturno, vom Ebro bis zum Plattensee, das zudem im regen Austausch mit England stand, erleichterten entscheidend das Bemühen, nach den massiven Überlieferungsverlusten seit dem Ende der Antike die verbliebenen Überreste an schriftlich niedergelegter Gelehrsamkeit zunehmend wieder ins Bewußtsein zu heben und durch den weiträumigen Austausch von Büchern so hinreichend zu vervielfältigen, daß antike Texte, die in der Karolingerzeit einen Abschreiber gefunden haben, im allgemeinen danach nicht mehr vollständig verlorengegangen sind[6]. Wie später nur noch die Humanistenzeit des 15./16. Jahrhunderts war die Ära Karls, Ludwigs des Frommen und seiner

[4] Hrabanus Maurus, Brief 39, hg. von Ernst Dümmler, in: Monumenta Germaniae Historica (= MGH). Epistolae, Bd. 5 (Berlin 1898-1899) S. 477 Z. 21ff.; vgl. Marc-Aeilko Aris, Nostrum est citare testes. Anmerkungen zum Wissenschaftsverständnis des Hrabanus Maurus, in: Kloster Fulda in der Welt der Karolinger und Ottonen, hg. von Gangolf Schrimpf (Fuldaer Studien, Bd. 7; Frankfurt am Main 1996) S. 437-464.

[5] Vgl. Claudio Leonardi, Alcuino e la scuola palatina: le ambizioni di una cultura unitaria, in: Nascita dell'Europa ed Europa carolingia: un'equazione da verificare (Settimane di studio del Centro italiano di studi sull'alto medioevo, Bd. 27; Spoleto 1981) S. 459-496, auch in: ders., Medioevo latino. La cultura dell'Europa cristiana (Millennio medievale, Bd. 40; Firenze 2004) S. 191-217, Josef Fleckenstein, Alcuin im Kreis der Hofgelehrten Karls des Großen, in: Science (wie Anm. 2) S. 3-21.

[6] Vgl. Bernhard Bischoff, Paläographie und frühmittelalterliche Klassikerüberlieferung, in: La cultura antica nell'Occidente latino dal VII all'XI secolo (Settimane di studio del Centro italiano di studi sull'alto medioevo, Bd. 22; Spoleto 1975) S. 59-86, auch in: ders., Mittelalterliche Studien. Ausgewählte Aufsätze zur Schriftkunde und Literaturgeschichte, Bd. 3 (Stuttgart 1981) S. 55-72, Birger Munk Olsen, I classici nel canone scolastico altomedievale (Quaderni di cultura mediolatina 1; Spoleto 1991).

Söhne gekennzeichnet durch Wiederentdeckungen jahrhundertealter Texte, die nur noch in einem einzigen Exemplar oder ganz wenigen Abschriften ein Schattendasein geführt hatten[7]. Solche Erfahrungen begünstigten im übrigen auch die Entstehung und Akzeptanz von Fälschungen, die im Gewande vermeintlich uralter, jetzt wiederaufgetauchter Quellen in Umlauf gebracht wurden.

Dem nachdrücklichen Rückgriff auf die Tradition hat man mit bloß begrenztem Recht das Etikett einer „Karolingischen Renaissance" angeheftet[8], denn dahinter stand nicht eine gewissermaßen humanistische Begeisterung für die Antike und die Weitergabe ihrer geistigen Errungenschaften, sondern, wie die programmatischen Erlasse Karls erkennen lassen, eine viel vordergründigere praktische Zweckbestimmung. Der regelgerechte Vollzug des Gottesdienstes, das zur Predigt erforderliche Niveau theologischer Kenntnisse, das angemessene Verständnis der lateinischen Bibel und der Kirchenväter wurden in direkter Abhängigkeit gesehen von der Qualität der schulischen Bildung an Hand lateinischer Texte[9] oder, um es mit einem berühmten Zitat der Epistola de litteris colendis zu formulieren: „Da sich in den heiligen Schriften Redefigu-

7 Vgl. Philippe Depreux, Büchersuche und Büchertausch im Zeitalter der karolingischen Renaissance am Beispiel des Briefwechsels des Lupus von Ferrières, in: Archiv für Kulturgeschichte 76 (1994) S. 267-284.

8 Grundlegend zu dieser Betrachtungsweise Erna Patzelt, Die Karolingische Renaissance. Beiträge zur Geschichte der Kultur des frühen Mittelalters (Deutsche Kultur. Historische Reihe, Bd. 1; Wien 1924), Josef Fleckenstein, Die Bildungsreform Karls des Großen als Verwirklichung der norma rectitudinis (Bigge-Ruhr 1953), Paul Lehmann, Das Problem der karolingischen Renaissance, in: I problemi della civiltà carolingia (Settimane di studio del Centro italiano di studi sull'alto medioevo, Bd. 1; Spoleto 1954) S. 309-358, auch in: ders., Erforschung des Mittelalters. Ausgewählte Abhandlungen und Aufsätze, Bd. 2 (Stuttgart 1959) S. 109-138. Vgl. aus jüngster Zeit u. a. Johannes Fried, Karl der Große, die Artes liberales und die karolingische Renaissance, in: Karl der Große und sein Nachwirken. 1200 Jahre Kultur und Wissenschaft in Europa, Bd. 1: Wissen und Weltbild, hg. von Paul Butzer/Max Kerner/Walter Oberschelp (Turnhout 1997) S. 25-43, Philippe Depreux, Ambitions et limites des réformes culturelles à l'époque carolingienne, in: Revue historique 307 (2002) S. 721-753, Rosamond McKitterick, The Carolingian Renaissance of Culture and Learning, in: Charlemagne. Empire and Society, ed. by Joanna Story (Manchester/New York 2005) S. 151-166, Georg Wieland, Gestalt und Struktur der karolingischen Reform im Vergleich zur Renaissance des 12. Jahrhunderts, in: Archa Verbi 4 (2007) S. 90-102.

9 Vgl. Nikolaus Staubach, „Cultus divinus" und karolingische Reform, in: Frühmittelalterliche Studien 18 (1984) S. 546-581, Arnold Angenendt, Libelli bene correcti. Der „richtige Kult" als ein Motiv der karolingischen Reform, in: Das Buch als magisches und als Repräsentationsobjekt, hg. von Peter Ganz (Wolfenbütteler Mittelalter-Studien, Bd. 5; Wiesbaden 1992) S. 117-135, auch in: ders., Liturgie im Mittelalter. Ausgewählte Aufsätze zum 70. Geburtstag, hg. von Thomas Flammer/Daniel Meyer (Ästhetik – Theologie – Liturgik, Bd. 35; Münster 2004) S. 227-243, Joachim Ehlers, Die Reform der Christenheit. Studium, Bildung und Wissenschaft als bestimmende Kräfte bei der Entstehung des mittelalterlichen Europa, in: Deutschland und der Westen Europas im Mittelalter, hg. von Joachim Ehlers (Vorträge und Forschungen, Bd. 56; Stuttgart 2002) S. 177-209.

ren, Bilder und dergleichen eingestreut finden, unterliegt es keinem Zweifel, daß sie ein jeder Leser umso schneller im geistlichen Sinne versteht, je eher er tiefer in der Lehre der Wissenschaft (*in litterarum magisterio*) unterwiesen worden ist"[10]. Es war ein ausgeprägt pädagogischer Zug, der dem Bemühen der Karolingerzeit um das geistige Erbe der Vergangenheit anhaftete, und so ist es gewiß kein Zufall, daß eigentlich alle Autoren einschlägiger Werke aus dem 9. Jahrhundert, über deren Lebensumstände wir etwas wissen, zugleich Lehrer des geistlichen Nachwuchses an Stifts- oder Klosterschulen gewesen sind, also die Einheit von Forschung und Lehre selbst praktiziert haben. Die Bildung, die ihnen vorschwebte, sollte in einer von lauter Analphabetentum beherrschten Umwelt darin bestehen, zum sorgfältigen Umgang mit überlieferten Texten als Zeugen zeitloser Wahrheit zu befähigen[11]. Nicht wenige der in diesem Geist entstandenen Schriften trafen die konkreten Bedürfnisse der Vermittlung so exakt, daß sie zu großer Verbreitung gelangten und gerade wegen ihres Mangels an Originalität noch jahrhundertelang weiter abgeschrieben wurden, also in Gebrauch blieben. Der genannte Hrabanus Maurus, den Ernst Robert Curtius als „öden Kompilator" abgetan hat[12], war, gemessen am Umfang seiner handschriftlichen Überlieferung aus dem gesamten Mittelalter, erfolgreicher als jeder andere Autor des 9. Jahrhunderts[13]. Männer wie er haben weit über den eigenen Horizont hinaus der Entwicklung des europäischen Denkens einen elementaren Dienst geleistet.

[10] Urkundenbuch des Klosters Fulda, Bd. 1, bearb. von Edmund E. Stengel (Veröffentlichungen der Historischen Kommission für Hessen und Waldeck X/1, Bd. 1; Marburg 1958) S. 246-254 Nr. 166; vgl. Thomas Martin, Bemerkungen zur „Epistola de litteris colendis", in: Archiv für Diplomatik 31 (1985) S. 227-272, Josef Fleckenstein, Bemerkungen zu den Bildungserlassen Karls des Großen und zum Verhältnis von Reform und Renaissance, in: Società, istituzioni, spiritualità. Studi in onore di Cinzio Violante, Bd. 1 (Spoleto 1994) S. 345-360, hier S. 353ff., Donald A. Bullough, Alcuin. Achievement and Reputation (Leiden/Boston 2004) S. 384ff.

[11] Vgl. Franz Brunhölzl, Der Bildungsauftrag der Hofschule, in: Karl der Große. Lebenswerk und Nachleben, Bd. 2: Das geistige Leben, hg. von Bernhard Bischoff (Düsseldorf 1965) S. 28-41, Wolfgang Edelstein, eruditio und sapientia. Weltbild und Erziehung in der Karolingerzeit. Untersuchung zu Alcuins Briefen (Freiburg Br. 1965), Mayke de Jong, From Scolastici to Scioli. Alcuin and the Formation of an Intellectual Elite, in: Alcuin of York. Scholar at the Carolingian Court, ed. by L. A. J. R. Houwen/A. A. MacDonald (Mediaevalia Groningana, Bd. 22; Groningen 1998) S. 45-57, Martin Kintzinger, Wissen wird Macht. Bildung im Mittelalter (Ostfildern 2003) S. 86ff., Mechthild Dreyer, Alkuin und Hrabanus Maurus: Wozu Wissen?, in: Hrabanus Maurus. Gelehrter, Abt von Fulda und Erzbischof von Mainz, hg. von Franz J. Felten/Barbara Nichtweiß (Neues Jahrbuch für das Bistum Mainz 2006; Mainz 2006) S. 35-49.

[12] Ernst Robert Curtius, Europäische Literatur und lateinisches Mittelalter (Bern 1948) S. 93 (übernommen auch in spätere Auflagen).

[13] Vgl. Rudolf Schieffer, Hrabanus Maurus: Der erfolgreichste Autor des 9. Jahrhunderts, in: Hrabanus Maurus (wie Anm. 11) S. 177-187.

Dabei darf nicht übersehen werden, daß die selbstgewählte Aufgabe, aus vorgegebenen klassischen Mustern den Stoff für neue Bücher von zeitgemäßem Nutzen zu schöpfen, doch allerhand Gestaltungsspielraum bot. Mochte die Entscheidung darüber, was ein karolingischer Autor überhaupt heranzog, noch lange von der bloßen Verfügbarkeit bestimmter Handschriften am Ort seiner Tätigkeit determiniert sein[14], so begann jedenfalls seine Eigenleistung bereits mit der Auswahl und Abgrenzung der Zitate, die zur Weiterverwendung exzerpiert wurden. Nicht selten drängten sich dabei Kürzungen auf, die den Sinn des vormals Gesagten zuspitzen oder bedachtsam verändern konnten, mitunter auch korrigierende Eingriffe in den vorgefundenen Wortlaut, wo er im Verlauf des Abschreibeprozesses tatsächliche oder auch nur vermeintliche Verderbnis erfahren hatte. Eine gesteigerte Eigenständigkeit war erreicht, wenn das Zitatmaterial aus seinem angestammten Kontext herausgelöst und einer andersartigen Systematik der Gedankenführung unterworfen, gar mit Exzerpten aus Vorlagen fremder Provenienz vermischt oder kontrastiert wurde[15]. Immer wieder hat die sorgsame Analyse des Umgangs karolingischer Autoren mit ihren Quellen schon auf der Basis gedruckter Textausgaben präzise Rückschlüsse auf die argumentativen, um nicht zu sagen: polemischen Bedürfnisse der Rezipienten erbracht, deren Produkte sich eben nicht im bloßen Arrangement von Angelesenem erschöpfen[16]. Bereits den Zeitgenossen war durchaus die Gefahr der Manipulation, des wissenschaftlichen Fehlverhaltens also, bei der verarbeitenden Wiedergabe der schriftlichen Tradition bewußt. Daß es trotz des gemeinsamen Fundaments der Heiligen Schrift und deren anerkannter Auslegung durch die Kirchenväter zu durchaus unterschiedlichen, gar widerstreitenden theologischen Lehrmeinungen kommen konnte, führte Alkuin

14 Vgl. Marc-Aeilko Aris, Hrabanus Maurus und die Bibliotheca Fuldensis, in: Hrabanus Maurus (wie Anm. 11) S. 51-69.

15 Vgl. Elisabeth Heyse, Hrabanus' Maurus Enzyklopädie „De rerum naturis". Untersuchungen zu den Quellen und zur Methode der Kompilation (Münchener Beiträge zur Mediävistik und Renaissance-Forschung, Bd. 4; München 1969), Maria Rissel, Rezeption antiker und patristischer Wissenschaft bei Hrabanus Maurus (Lateinische Sprache und Literatur des Mittelalters, Bd. 7; Frankfurt a. M. 1976); John M. McCulloh, Das Martyrologium Hrabans als Zeugnis seiner geistigen Arbeit, in: Hrabanus Maurus. Lehrer, Abt und Bischof, hg. von Raymund Kottje/Harald Zimmermann (Akademie der Wissenschaften und der Literatur. Abhandlungen der geistes- und sozialwissenschaftlichen Klasse, Einzelschrift 4; Wiesbaden 1982) S. 154-164.

16 Vgl. Horst Fuhrmann, Fälscher unter sich: Zum Streit zwischen Hinkmar von Reims und Hinkmar von Laon, in: Charles the Bald. Court and Kingdom, ed. by Margaret T. Gibson/Janet L. Nelson (Aldershot ^{2}1990) S. 224-234, John Cavadini, The Sources and Theology of Alcuin's „De fide sanctae et individuae trinitatis", in: Traditio 46 (1991) S. 123-146, jüngst Michael M. Gorman, Rewriting Augustine: Alcuin's Commentary on the Gospel of John, in: Revue bénédictine 119 (2009) S. 36-85.

bei seinen Gegnern im Adoptianismus-Streit auf die unsachgemäße Auswahl patristischer Zitate, auf deren entstellende Wiedergabe und auf eine von der Tradition abweichende, daher falsche Interpretation dieser Texte zurück[17].

Es lohnt sich also, der Arbeitsweise dieser so ganz der Tradition verhafteten, wegen fehlender Originalität geringgeschätzten Autoren auf den Grund zu gehen und dabei, soweit irgend möglich, statt älterer Editionen unmittelbar den handschriftlichen Befund in den Blick zu fassen. Die Voraussetzungen dafür sind gar nicht einmal so ungünstig, denn im 9. Jahrhundert sind nicht bloß Codices in großer Zahl angelegt worden (meist natürlich Kopien von älteren Texten), sondern es sind nach den Erkenntnissen von Bernhard Bischoff auch noch mehr als 7000 davon bis heute im ganzen oder wenigstens fragmentarisch erhalten geblieben[18]. Das verdanken wir der Tatsache, daß als weitere Folge der karolingischen Bildungserneuerung von dauerhafter Tragweite damals kirchliche Bibliotheken entstanden, deren Bestände in manchen Fällen die Zeiten überdauert haben, während wir aus vorkarolingischer Zeit bloß über versprengte und entsprechend berühmte Einzelbände verfügen[19]. In dieser relativen Fülle karolingerzeitlicher Bücher finden sich in noch nicht abschließend bestimmter Anzahl solche, die in unmittelbarem Zusammenhang mit der Konzeption und Abfassung von damals entstandenen, mehr oder minder kompilatorischen Werken stehen. Da sich Entsprechendes weder aus der klassischen noch der christlichen Antike erhalten hat, erlauben sie erstmals in der Geschichte der lateinischen Fachprosa präzise Einblicke in den praktischen Schaffensprozeß, wie wir ihn analog wohl auch für frühere Zeiten postulieren, aber eben nicht ad oculos demonstrieren können.

17 Vgl. Aris, Nostrum est (wie Anm. 4) S. 444, mit Belegstellen.

18 Vgl. Bernhard Bischoff, Katalog der festländischen Handschriften des neunten Jahrhunderts (mit Ausnahme der wisigotischen), Teil 1: Aachen – Lambach, Teil 2: Laon – Paderborn, aus dem Nachlaß hg. von Birgit Ebersperger (Bayerische Akademie der Wissenschaften. Veröffentlichungen der Kommission für die Herausgabe der mittelalterlichen Bibliothekskataloge Deutschlands und der Schweiz; Wiesbaden 1998-2004), dazu Hartmut Hoffmann, Bernhard Bischoff und die Paläographie des 9. Jahrhunderts, in: Deutsches Archiv für Erforschung des Mittelalters 55 (1999) S. 549-590, ders., Zum 2. Band von Bernhard Bischoffs „Katalog der festländischen Handschriften des 9. Jahrhunderts“, ebd. 61 (2005) S. 53-72. Der 3. Teil (Padua – Zwickau) steht noch aus.

19 Vgl. Bernhard Bischoff, Die Bibliothek im Dienste der Schule, in: La scuola nell'Occidente latino nell'alto medioevo (Settimane di studio del Centro italiano di studi sull'alto medioevo 19; Spoleto 1972) S. 385-415, auch in: ders., Mittelalterliche Studien, Bd. 3 (wie Anm. 6) S. 213-233, Kenneth W. Humphreys, The Early Medieval Library, in: Paläographie 1981. Colloquium des Comité International de Paléographie, München, 15.-18. September 1981, hg. von Gabriel Silagi (Münchener Beiträge zur Mediävistik und Renaissance-Forschung, Bd. 32; München 1982) S. 59-70, Rosamond McKitterick, Script and book production, in: Carolingian culture (wie Anm. 3) S. 221-247.

Gemeint sind nicht eigentlich Autographen im landläufigen Sinn, also Codices, in denen ein Autor seinen eigenen Text mit eigener Hand niedergeschrieben und somit evident den Ursprung aller weiteren Überlieferung fixiert hat[20]. Immer mehr ist im Laufe der Forschung des 20. Jahrhunderts die Skepsis gewachsen, ob wir dergleichen im karolingischen Literatur- und Wissenschaftsbetrieb überhaupt zu erwarten haben. In einer betont kritisch gestimmten Bilanz von 2001 hat Hartmut Hoffmann autographe Schriftzeugnisse – was prominente Namen angeht – allenfalls von Hrabanus Maurus, Walahfrid Strabo († 849) und Notker Balbulus († 912) gelten lassen[21], aber eingeräumt, daß die Möglichkeit, freilich vorerst keine hinreichende Sicherheit der Erkenntnis, auch in einigen anderen Fällen wie bei Johannes Scotus Eriugena († um 877) und zumal Hinkmar von Reims († 882) gegeben ist[22]. Hinzuzufügen wäre wohl auch Paschasius Radbertus, der Abt von Corbie († um 860)[23]. Zur Diskussion stehen dabei allerdings durchweg nur kurze Ergänzungen, Randglossen oder auf unterschiedliche Weise angebrachte Korrekturen zum jeweiligen Grundtext einer Handschrift, nicht dieser Grundtext selber, allein schon weil sich bei Handschriften des 9. Jahrhunderts, die den Eindruck vermitteln, das „Original" der erstmaligen Niederschrift eines Textes zu bieten, recht häufig herausgestellt hat, daß mehr als eine Schreiberhand tätig war[24]. Karolinger-

20 Vgl. Paul Lehmann, Autographe und Originale namhafter lateinischer Schriftsteller des Mittelalters, in: Zeitschrift des deutschen Vereins für Buchwesen und Schrifttum 3 (1920) S. 6-16, auch in: ders., Erforschung des Mittelalters. Ausgewählte Abhandlungen und Aufsätze (Leipzig 1941) S. 359-381, Paul Gerhard Schmidt, Karolingische Autographen, in: Gli autografi medievali. Problemi paleografici e filologici, a cura di Paolo Chiesa/Lucia Pinelli (Quaderni di cultura mediolatina, Bd. 5; Spoleto 1994) S. 137-148.

21 Vgl. Hartmut Hoffmann, Autographa des frühen Mittelalters, in: Deutsches Archiv für Erforschung des Mittelalters 57 (2001) S. 1-62.

22 Nach Hoffmann, Autographa (wie Anm. 21) S. 35ff. ist methodisch verfehlt Edouard Jeauneau/Paul Edward Dutton, The Autograph of Eriugena (Corpus Christianorum. Autographa Medii Aevi, Bd. 3; Turnhout 1996). Die älteren Bemühungen um Hinkmars persönliche Handschrift gipfeln in Jean Devisse, Hincmar. Archevêque de Reims, 845-882, Bd. 1-3 (Travaux d'histoire éthico-politique, Bd. 29; Genève 1975-1976) Bd. 2 S. 1070f. In beiden Fällen besteht eine nicht geringe Wahrscheinlichkeit dafür, daß die Autoren unmittelbar am Erscheinungsbild ihrer Werke in zeitgenössischen Codices mitgewirkt haben, doch fehlt es an sicheren Kriterien für die Identifizierung mit einer bestimmten Schreiberhand.

23 Nach David Ganz, Corbie in the Carolingian Renaissance (Beihefte der Francia, Bd. 20; Sigmaringen 1990) S. 64, enthält Laon, Bibl. mun. 67, eine in Corbie hergestellte Abschrift der ersten vier Bücher von Radberts Matthäus-Kommentar, „corrections by the author".

24 Vgl. beispielsweise Bernhard Bischoff, Hadoardus and the Manuscripts of Classical Authors from Corbie, in: Didascaliae. Studies in Honour of Anselm M. Albareda, ed. by Sesto Prete (New York 1961) S. 39-57, hier S. 50, dt. in: ders., Mittelalterliche Studien. Ausgewählte Aufsätze zur Schriftkunde und Literaturgeschichte, Bd. 1 (Stuttgart 1966) S. 49-63, hier S. 56f., mit einer Übersicht „originaler" Handschriften von Corbier Werken des 9. Jahrhunderts.

zeitliche Bischöfe, Äbte oder Schulmeister, die ein Werk von gewissem Umfang verfaßten, griffen augenscheinlich nicht selbst zum Federkiel, sondern hatten Mitbrüder und Spezialisten zur Hand, die nach ihren Anweisungen und Vorgaben die Schreibarbeit untereinander aufteilten und das Resultat dem Auftraggeber höchstens noch zur Prüfung und punktuellen Korrektur vorlegten. Wissenschaftliche Arbeiten des 9. Jahrhunderts sind in diesem Sinne wohl stets als Gemeinschaftswerke mit einem lenkenden Kopf an der Spitze zu verstehen, dessen Name zumeist allein in Erscheinung tritt. Es ist ein bemerkenswertes, noch nicht hinreichend erklärtes Phänomen, daß die Überlieferung von offenbar eigenhändig aufgezeichneten lateinischen Werken größeren Volumens erst im ausgehenden 10. Jahrhundert einsetzt und dann im 11. Jahrhundert gleich eine gewisse Häufigkeit erreicht, wie man an Autoren wie Richer von Reims († nach 998)[25], Thietmar von Merseburg († 1018)[26], Froumund von Tegernsee († 1006/12)[27], Leo von Vercelli († 1026)[28], Ademar von Chabannes (†1034)[29] und anderen veranschaulichen kann[30].

Statt auf Autographen stricto sensu konzentrieren wir uns auf Handschriften aus dem unmittelbaren Umfeld, aus der Werkstatt oder der Schreibstube des Autors, für die sich die Bezeichnung Arbeitsexemplare eingespielt hat. Tatsächlich müssen ja beim komplexen Vorgang der Adaptation überlieferter Vorbilder für neue literarische Schöpfungen stets Aufzeichnungen verschiedenen Zuschnitts im Spiel gewesen sein, deren Spektrum vom buchmäßigen Ausgangstext über weniger formalisierte Zwischenstufen bis zur definitiven

[25] Vgl. Richer von Saint-Remi, Historiae, hg. von Hartmut Hoffmann (MGH Scriptores, Bd. 38; Hannover 2000) S. 8f.

[26] Vgl. Die Chronik des Bischofs Thietmar von Merseburg und ihre Korveier Überarbeitung, hg. von Robert Holtzmann (MGH Scriptores rerum Germanicarum. Nova Series, Bd. 9; Berlin 1935) S. XXXIVf. Demnach war Thietmar nicht bloß als Korrektor, sondern auch neben acht anderen Händen an der Niederschrift des Grundtextes beteiligt.

[27] Vgl. Christine Elisabeth Eder, Die Schule des Klosters Tegernsee im frühen Mittelalter im Spiegel der Tegernseer Handschriften, in: Studien und Mitteilungen zur Geschichte des Benediktiner-Ordens und seiner Zweige 83 (1972) S. 6-155, hier S. 41f. Auch Froumund tritt nicht als alleiniger Schreiber seiner Briefsammlung in Erscheinung.

[28] Vgl. Heinrich Dormeier, Die Renovatio Imperii Romanorum und die „Außenpolitik“ Ottos III. und seiner Berater, in: Michael Borgolte (Hg.), Polen und Deutschland vor 1000 Jahren. Die Berliner Tagung über den „Akt von Gnesen“ (Europa im Mittelalter, Bd. 5; Berlin 2002) S. 163-191, hier S. 172 f., Leone di Vercelli, Metrum Leonis. Poesia e potere all'inizio del secolo XI, a cura di Roberto Gamberini (Edizione nazionale dei testi mediolatini, Bd. 6; Tavarnuzze 2002) S. XLf. (dazu Heinrich Dormeier, in: Deutsches Archiv für Erforschung des Mittelalters 61, 2005, S. 285f.).

[29] Vgl. Ademari Cabannensis Chronicon, cura et studio Pascale Bourgain/Richard Landes/Georges Pon (Corpus Christianorum. Continuatio Mediaevalis, Bd. 129; Turnhout 1999) S. XXXIff.

[30] Vgl. auch Monique-Cécile Garand, Auteurs latins et autographes des XIe et XIIe siècles, in: Scrittura e civiltà 5 (1981) S. 77-104.

Niederschrift des Ergebnistextes reichte[31]. In einem kleinen Gedicht des noch jungen Hraban an seinen Abt Ratgar, also vor 817, wird davon eine gewisse Vorstellung vermittelt. Ich übersetze folgendermaßen: „Dich, gütiger Vater der Männer und bester Hirt der Mönche, rufe ich, selbst Dein Diener, als mir Gewogenen an, auf dass Dein gütiges Wohlwollen mich Elenden erhöre, der zu Dir ruft, allseits gnädiger Lenker! Früher hat mir Deine Güte gestattet, Bücher zu studieren (*discere libros*), doch erstickt mich die Dürftigkeit meiner Begabung, weshalb ich alles, was sie mich durch den Mund des Lehrers lehrten, damit es der flüchtige Geist nicht verliere, den Blättern anvertraut habe (*cuncta dedi foliis*). Daher liegen nun auch Notizen und kleine Werke (*glosae parvique libelli*) vor, die Du mir Unwürdigem, so bitte ich, zurückzugeben befehlen mögest. Was auch immer die Knechte haben, gehört ihnen nur gemäß dem Recht ihrer Herren, und so behältst Du mit Recht alles, was ich geschrieben habe. Nicht verlange ich frech als mein Eigentum diese Schriften zurück, sondern ich überlasse alles Deinem Urteil. Ob Du sie mir zugestehst oder nicht, jedenfalls möge Dir der allmächtige Gott stets alles Gute gewähren und den guten Kampf in ehrbarem Lauf zu vollenden, damit Du mit Christus stets verbleibest in der Höhe des Himmels“[32]. Auf den innerklösterlichen Richtungsstreit in Fulda, auf den angespielt wird, ist hier nicht weiter einzugehen[33], wohl aber auf die Art und Weise, in der Hraban seine ersten literarischen Gehversuche umschreibt. Der Weg führt vom Studieren der Bücher (*discere libros*) über daraus abgeleitete Niederschriften, wohl Exzerpte, die er dem Pergament anvertraut (*cuncta dedi foliis*), hin zu *glosae* und *parvi libelli*, was zumindest tendenziell wieder die Gestalt des Buches ins Auge faßt. Das Gedicht ist, wie kürzlich gezeigt wurde, voller Anspielungen auf Alkuin und sollte anscheinend den aktuellen Zuständen in Fulda Hrabans Eindrücke und Erfahrungen bei dem großen angelsächsischen Lehrer in Tours gegenüberstellen[34].

Tours war damals und Fulda wurde rasch – ebenso wie eine überschaubare Anzahl weiterer kirchlicher Institutionen im Frankenreich – ein Hort der Bücher, wo man viel vom verwertbaren Wissen und den maßgeblichen Lehr-

[31] Ohne ausdrücklichen Bezug zur Karolingerzeit bleibt Armando Petrucci, Dalla minuta al manoscritto d'autore, in: Lo spazio letterario del medioevo, Bd. 1: Il medioevo latino, 1: La produzione del testo, Bd. 1 (Roma 1992) S. 353-372.

[32] Hrabani Mauri carmina, hg. von Ernst Dümmler, in: MGH Poetae latini, Bd. 2 (Berlin 1884) S. 185f. Nr. 20; vgl. Aris, Nostrum est (wie Anm. 4) S. 452, Stephanie Haarländer, Rabanus Maurus zum Kennenlernen. Ein Lesebuch mit einer Einführung in sein Leben und Werk (Mainz 2006) S. 107f.

[33] Vgl. Johannes Fried, Fulda in der Bildungs- und Geistesgeschichte des früheren Mittelalters, in: Kloster Fulda (wie Anm. 4) S. 3-38, hier S. 13ff., anders Steffen Patzold, Konflikte im Kloster Fulda zur Zeit der Karolinger, in: Fuldaer Geschichtsblätter 76 (2000) S. 69-162, hier S. 105-139.

[34] Vgl. Aris, Hrabanus Maurus (wie Anm. 14) S. 57ff.

meinungen früherer Zeiten aufspüren und zur Weiterverwendung sich verfügbar machen konnte. Dort mußte man sich befinden oder dorthin mußte man gelangen, um aktiv in das wissenschaftliche Leben der Zeit eingreifen zu können. Aus dieser Konzentration auf wenige gut ausgestattete Zentren resultiert der methodische Kunstgriff, bei einem anonymen oder pseudonymen Stück karolingischer Fachprosa zunächst die verwerteten Vorlagen zu ermitteln und dann zu untersuchen, wo das entsprechende Ensemble von Handschriften überhaupt greifbar war[35], wie auch umgekehrt mit Erfolg analysiert worden ist, was aus Werken mit feststehender lokaler Herkunft über die an diesem Ort einst vorhandenen Bibliotheksbestände abzuleiten ist[36].

Wie sich die gezielte Nutzung von Buchvorlagen praktisch abgespielt hat, konnte bereits vor Jahrzehnten Bernhard Bischoff aufweisen, der bemerkte, daß Alkuin in mehreren seiner Werke zwei Zitate des griechischen Kirchenvaters Athanasius anführte und jeweils mit den Nummern *V* und *VI* bezeichnete, obgleich sich diese Etikettierung in der Überlieferung der Schriften des streitbaren Bischofs von Alexandria nicht wiederfinden läßt. Des Rätsels Lösung war, daß Alkuin in Tours einen (heute in Paris aufbewahrten) vorkarolingischen Codex mit der lateinischen Übersetzung der Konzilsakten von Ephesus 431 benutzen und darin ein auf dieser Versammlung verlesenes theologisches Florileg finden konnte, das die beiden Athanasius-Zitate tatsächlich an fünfter und sechster Stelle enthielt. Sein Rückgriff exakt auf diese Vorlage ließ sich zusätzlich durch die Beobachtung erhärten, daß der einst Turoner Codex mehrfach auf den Seitenrändern Markierungen mit den Buchstaben *s* und *d* aufweist, was offenbar *scribe* bzw. *dimitte* oder *desine* bedeuten soll, also als Anweisung zum Exzerpieren oder Weglassen zu verstehen ist, die durch hakenförmige Zeichen noch weiter verdeutlicht wird (Abb. 1)[37]. Ob die eher lässig geschriebenen Marginalbuchstaben wirklich von Alkuins eigener Hand stammen, wie Bischoff annehmen wollte, wird heute zurückhaltender beurteilt[38]; feststeht jedenfalls, daß Zitate in genau dem hier vorgesehenen Umfang verschiedentlich

[35] Vgl. Klaus Zechiel-Eckes, Auf Pseudoisidors Spur. Oder: Versuch, einen dichten Schleier zu lüften, in: Fortschritt durch Fälschungen? Ursprung, Gestalt und Wirkungen der pseudoisidorischen Fälschungen, hg. von Wilfried Hartmann/Gerhard Schmitz (MGH Studien und Texte, Bd. 31; Hannover 2002) S. 1-28, der mit diesem Ansatz Corbie als „Werkstatt“ Pseudoisidors erschlossen hat.

[36] Vgl. Devisse, Hincmar (wie Anm. 22) Bd. 3 S. 1467-1514, der ausgehend von den reichlichen Zitaten in Hinkmars Schriften „Bibliothèques d'Hincmar“ in Reims rekonstruiert (im einzelnen anfechtbar).

[37] Vgl. Bernhard Bischoff, Aus Alkuins Erdentagen, in: Medievalia et Humanistica 14 (1962) S. 31-37, auch in: ders., Mittelalterliche Studien. Ausgewählte Aufsätze zur Schriftkunde und Literaturgeschichte, Bd. 2 (Stuttgart 1967) S. 12-19.

[38] Vgl. Hoffmann, Autographa (wie Anm. 21) S. 20f.

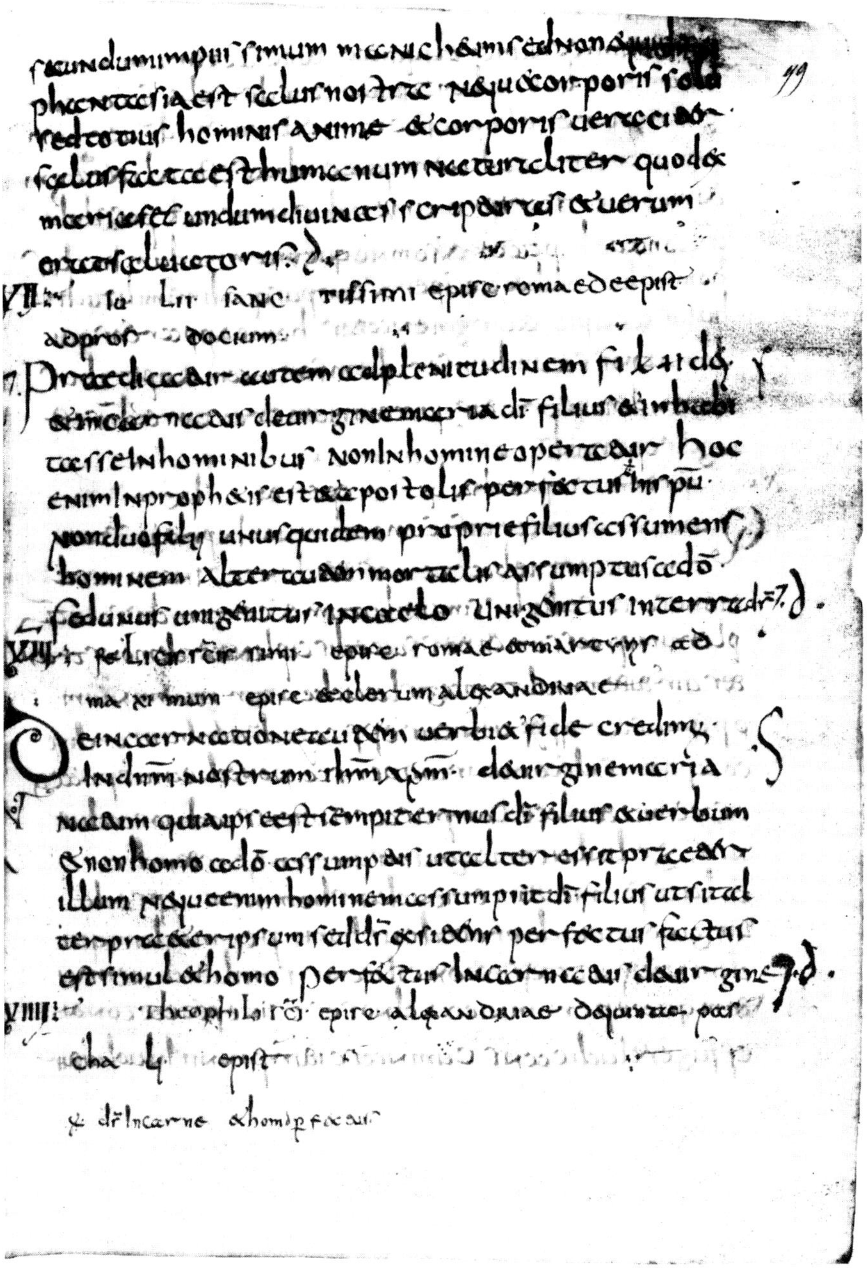

Abb. 1: Paris, Bibl. nationale de France, lat. 1572, fol. 79r (Konzilsakten von Ephesus): Kennzeichnung zum Exzerpieren am rechten Rand

in Alkuins Werken wiederkehren und somit die Präparierung der Handschrift in engstem Zusammenhang mit dessen Schaffensprozeß während der späten 790er Jahre gestanden hat.

Seit der Publikation dieser Entdeckung im Jahre 1962 hat man mehr und mehr gelernt, auf den Blatträndern von Handschriften aus karolingerzeitlichen Bibliotheken auch wesentlich weniger augenfällige Signale zu beachten, die von intensiver Beschäftigung mit dem Grundtext zeugen und womöglich der Anbahnung davon abhängiger neuer Werke gedient haben[39]. Da diese Arbeitstechnik wohl nicht schulmäßig erlernt wurde, sondern sich jeder, der wollte, sein eigenes System zurechtlegen konnte, herrscht in formaler Hinsicht eine bunte Vielfalt, die von einzelnen Buchstaben oder Buchstabenkombinationen über Elemente aus der tironischen Kurzschrift der Antike und ganz individuelle graphische Gebilde bis hin zu unscheinbaren Punkten und Häkchen reicht. Eine nähere Datierung fällt im allgemeinen schwer, und längst nicht immer läßt sich nach mehr als tausend Jahren noch die Intention sicher entschlüsseln, mit der solche Markierungen erfolgt sind. Manche mögen bloß dem spontanen Bedürfnis eines Lesers nach Hervorhebung von irgendwie auffälligen Textstellen entsprungen sein, andere dem vorausblickenden Wunsch, in einem umfangreichen Werk inhaltliche Schwerpunkte jederzeit rasch wiederauffinden zu können. Im Reimser Scriptorium der Zeit Erzbischof Hinkmars sind mehrfach dessen eigene Werke schon von der Hand des ursprünglichen Schreibers mit *Nota*-Zeichen am Rand ausgestattet worden[40], was einer Strukturierung bzw. Glossierung durch den Autor selbst zumindest nahekommt und teilweise von jüngeren Abschriften einfach übernommen worden ist (Abb. 2)[41].

Daneben haben sich aber auch erkennbare Beispiele dafür gemehrt, daß solche marginalen, mitunter auch interlinearen Kennzeichnungen unmittelbarer Ausdruck der gelehrten oder publizistischen Bestrebungen eines bestimmten Rezipienten gewesen sind. Früh schon ist in dieser Hinsicht der Diakon Florus von Lyon († um 860) ins Auge gefallen, der offenbar mit dem Federkiel in der Hand die reichen Bestände der dortigen Kathedralbibliothek durchmustert und seine mehr oder minder diskreten Spuren in vielen Bänden hinterlassen hat, aus denen er den Stoff für die eigenen theologischen, juristischen, liturgi-

[39] Vgl. Bernhard Bischoff, Paläographie des römischen Altertums und des abendländischen Mittelalters (Berlin ^{2}1986) S. 255, Ganz, Corbie (wie Anm. 23) S. 68ff.

[40] Vgl. Devisse, Hincmar (wie Anm. 22) Bd. 2 S. 924ff.

[41] Vgl. Hinkmar von Reims, De divortio Lotharii regis et Theutbergae reginae, hg. von Letha Böhringer (MGH Concilia, Bd. 4 Suppl. 1; Hannover 1992) S. 34, Hinkmar von Reims, De cavendis vitiis et virtutibus exercendis, hg. von Doris Nachtmann (MGH Quellen zur Geistesgeschichte des Mittelalters, Bd. 16; München 1998) S. 28, Die Streitschriften Hinkmars von Reims und Hinkmars von Laon 869-871, hg. von Rudolf Schieffer (MGH Concilia, Bd. 4 Suppl. 2; Hannover 2003) S. 116.

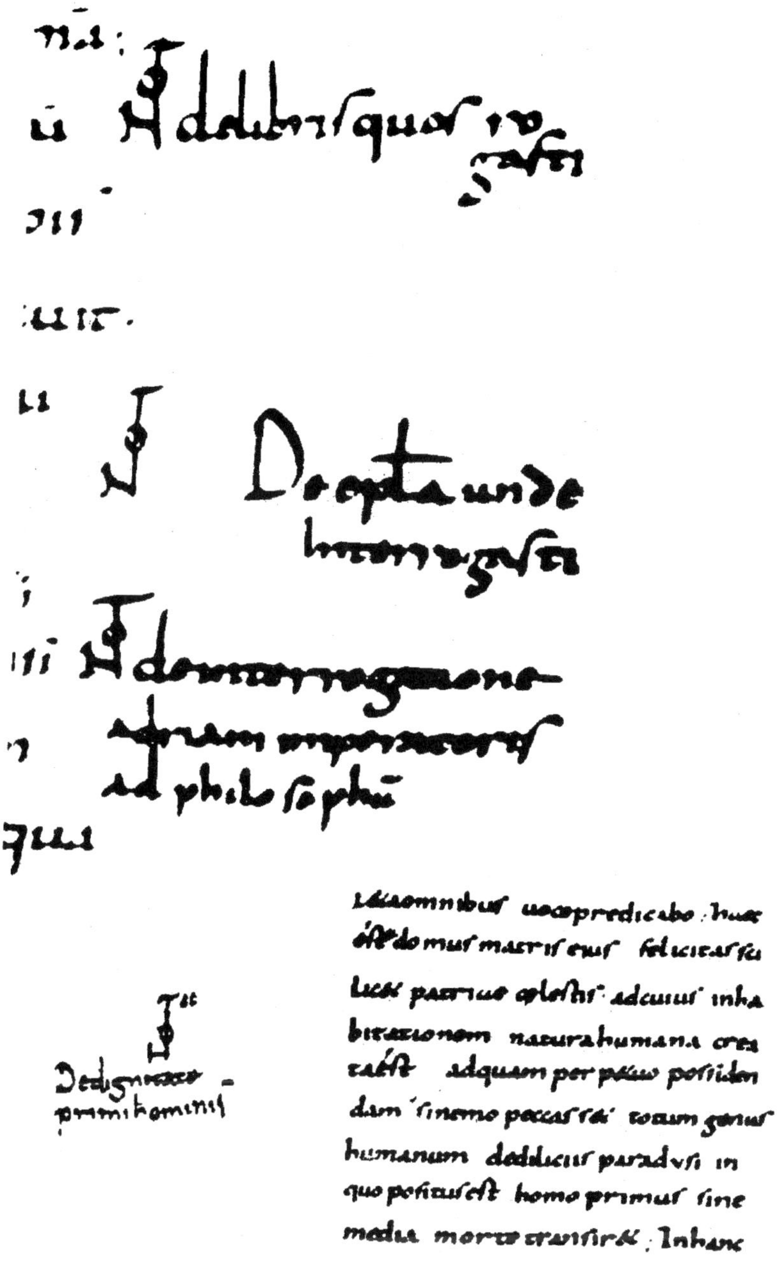

Abb. 2: Hervorhebung bestimmter Textinhalte durch Randbemerkungen mit Nota-Zeichen in Reimser Handschriften (nach Devisse, Hincmar, wie Anm. 22, Bd. 2 S. 925)

schen Abhandlungen, aber auch seine kirchenpolitischen Streitschriften entnahm[42]. In den letzten Jahren hat Klaus Zechiel-Eckes zeigen können, welche Bedeutung der sorgsamen Beobachtung von unscheinbaren Marginalien in Codices der Klosterbibliothek von Corbie bei der Suche nach dem Entstehungsort und damit den Urhebern der berühmten Pseudoisidorischen Fälschungen zukommt, die auf einem gewaltigen Fundus an verfügbar gemachter älterer Überlieferung fußen[43]. Als besonders ergiebig hat sich die Suche nach präparierten Vorlageexemplaren auf dem Felde der karolingerzeitlichen Bibelexegese erwiesen, die ja großenteils darin bestand, die patristischen Klassiker wie Hieronymus, Augustinus, den Ambrosiaster, Gregor den Großen, Übersetzungen von Origenes oder Johannes Chrysostomus usw. miteinander zu verknüpfen und in gestrafftem Arrangement neu zu präsentieren[44]. Der Umgang mit Textbausteinen von erheblichem Umfang, die aus ihrer vormaligen Verankerung herausgelöst und zu neuen Einheiten wieder zusammengefügt wurden, machte möglichst reibungslose Rückgriffe auf die Ausgangstexte erforderlich, weshalb es kaum verwundert, daß in Codices mit vorkarolingischen Bibelkommentaren in zunehmender Zahl Markierungen am Seitenrand entdeckt werden (Abb. 3)[45], auch wenn sie keineswegs regelmäßig zu daraus abgeleiteten jüngeren Werken hinführen.

[42] Vgl. Célestin Charlier, Les manuscrits personnels de Florus de Lyon et son activité littéraire, in: Mélanges Emmanuel Podechard. Études de sciences religieuses offertes pour son éméritat au doyen honoraire de la Faculté de théologie de Lyon (Lyon 1945) S. 71-84, auch in: Revue bénédictine 119 (2009) S. 252-267, Louis Holtz, La minuscule marginale et interlinéaire de Florus de Lyon, in: Gli autografi (wie Anm. 20) S. 149-166, Klaus Zechiel-Eckes, Florus von Lyon als Kirchenpolitiker und Publizist. Studien zur Persönlichkeit eines karolingischen „Intellektuellen" am Beispiel der Auseinandersetzung mit Amalarius (835-838) und des Prädestinationsstreits (851-855) (Quellen und Forschungen zum Recht im Mittelalter, Bd. 8; Stuttgart 1999) S. 201ff., ders., Eine neue Arbeitshandschrift des Diakons Florus von Lyon. Der Kommentar des Ambrosius zum CXVIII. Psalm (Cod. Firenze, Bibl. Med. Laur., Plut. XIV. 21), in: Revue bénédictine 119 (2009) S. 336-370.

[43] Vgl. Klaus Zechiel-Eckes, Zwei Arbeitshandschriften Pseudoisidors (Codd. St. Petersburg F. v. I. 11 und Paris lat. 11611), in: Francia 27/1 (2000) S. 205-210, ders., Verecundus oder Pseudoisidor? Zur Genese der Excerptiones de gestis Chalcedonensis concilii, in: Deutsches Archiv für Erforschung des Mittelalters 56 (2000) S. 413-446, ders., Ein Blick in Pseudoisidors Werkstatt. Studien zum Entstehungsprozeß der Falschen Dekretalen, in: Francia 28/1 (2001) S. 37-90, zusammenfassend jetzt ders., Wer war Pseudoisidor? (demnächst in: Nordrhein-Westfälische Akademie der Wissenschaften und der Künste, Vorträge).

[44] Vgl. exemplarisch Silvia Cantelli Berarducci, Hrabani Mauri Opera exegetica. Repertorium fontium, Bd. 1-3 (Instrumenta Patristica et Mediaevalia, Bd. 38; Turnhout 2006).

[45] Vgl. Bischoff, Bibliothek (wie Anm. 19) S. 413ff. bzw. S. 232f., ausführlicher in der englischen Version: ders., Manuscripts and Libraries in the Age of Charlemagne, translated and ed. by Michael Gorman (Cambridge Studies in Palaeography and Codicology, Bd. 1; Cambridge 1994) S. 111f., zum neuesten Stand Michael M. Gorman, Paris. lat. 12124 (Origen on Romans) and the Carolingian Commentary on Romans in Paris. lat. 11574, in: Revue bénédictine 117 (2007) S. 64-128, hier S. 99ff. („Annotation marks in Carolingian manuscripts").

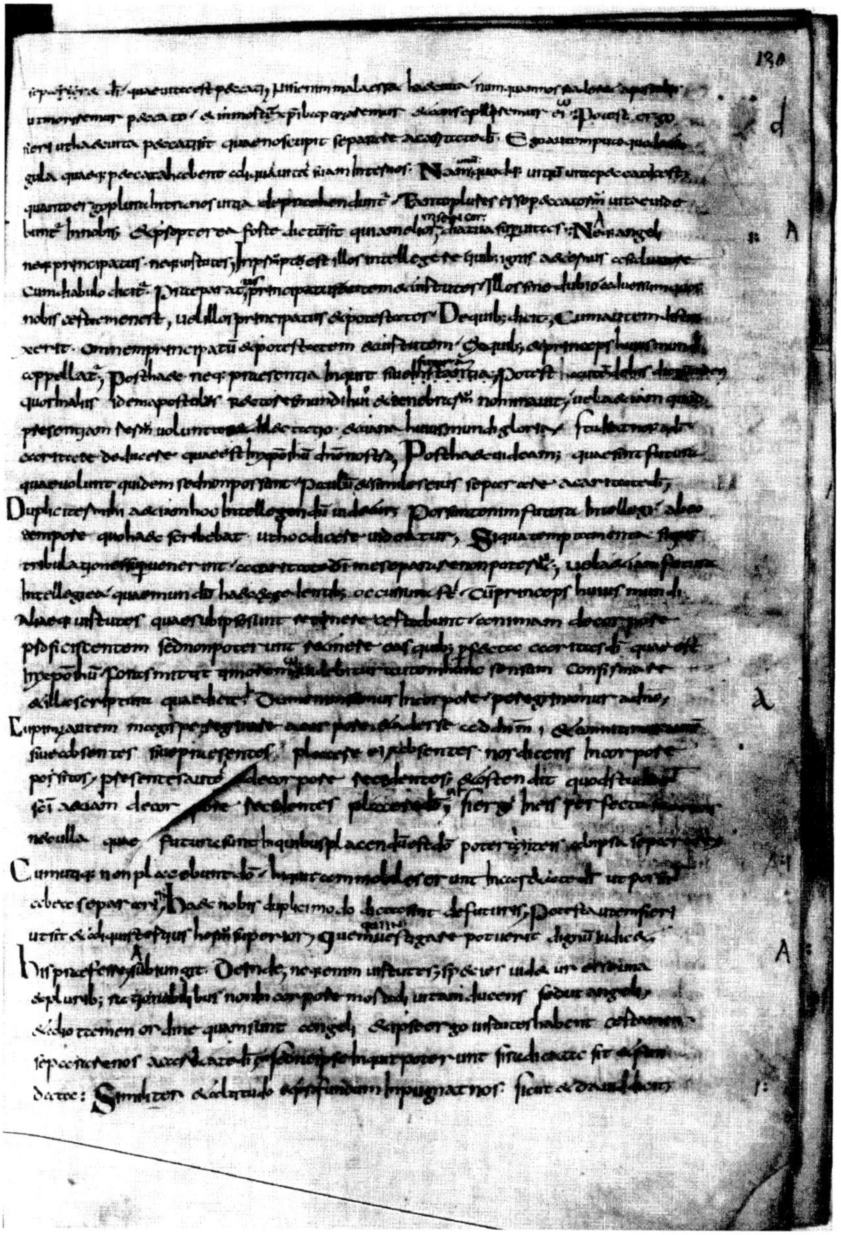

Abb. 3: Paris, Bibl. nationale de France, lat. 12124, fol. 130r (Origenes, Homil. in Romanos): Kennzeichnung zum Exzerpieren am rechten Rand und interlinear (Z. 2, 6, 22, 36)

Nur in verhältnismäßig seltenen, einfach gelagerten Fällen dürften Zitate aus markierten oder auch nicht markierten Buchvorlagen geradewegs in einen neuen literarischen Kontext des 9. Jahrhunderts hineinkopiert worden sein. Weit häufiger haben wir uns in einem idealtypischen Bild solcher Adaptationsvorgänge informelle Zwischenstufen in Entsprechung zu modernen Zettelkästen oder Dateien vorzustellen, die jedoch ebenso wie diese wegen ihres zeitlich begrenzten Zwecks nur geringe Chancen hatten, auf Dauer erhalten zu bleiben[46]. Am Anfang standen Einzelnotizen auf Wachstäfelcheln (*tabulae*), die nur ausnahmsweise einmal erwähnt werden[47], weil sie in der Regel bald schon zu größeren Einheiten fortentwickelt wurden. Jedenfalls fällt bei einem vielbeschäftigten Autor wie Hinkmar von Reims, dessen datierbare Werke von den späten 840er bis in die frühen 880er Jahre reichen, die Neigung auf, immer wieder auf bestimmte Sequenzen von Quellenzitaten zurückzugreifen, die er auch nach Jahren ganz (oder nahezu) unverändert, also in gleichbleibender Reihenfolge und Abmessung, auch mit denselben Überleitungsworten zu wiederholen vermag. Sicher hat er sie nicht mehrfach aus seinem Gedächtnis hervorgeholt oder gar jeweils aufs neue aus verschiedenen Büchern zusammengesucht und auch wohl kaum in seinen eigenen früheren Schriften wiederaufgespürt; vielmehr müssen ihm (und seinen Helfern) Dossiers mit Quellenmaterial zur Hand gewesen sein, die aus gegebenem Anlaß angelegt worden waren, aber nach Gebrauch nicht sogleich vernichtet wurden, sondern bei Bedarf jederzeit wieder hervorgeholt werden konnten[48]. Solche allein für interne Zwecke bestimmte Aufzeichnungen mögen auf einem einzelnen Pergamentblatt Platz gehabt oder ein schmales Heft ausgefüllt haben, mitunter auch als Nachträge in ohnehin vielgenutzten Codices wie den gängigen Sammlungen des kirchlichen

[46] Vgl. Detlev Zimpel, Hrabanus Maurus, De institutione clericorum libri tres. Studien und Edition (Freiburger Beiträge zur mittelalterlichen Geschichte, Bd. 7; Frankfurt a. M. 1996) S. 73ff., zur „Arbeitsorganisation" bei Hrabans Übernahme zahlreicher Zitate aus unterschiedlichen Vorlagen.

[47] Hadoard von Corbie im Versprolog seines Klassiker-Florilegs: *Impressa in tabulis cumulata replevit* ... (hg. von Ernst Dümmler, MGH Poetae latini, Bd. 2, Berlin 1884, S. 683 V. 33); vgl. Bischoff, Hadoardus (wie Anm. 24) S. 43 bzw. 51.

[48] Ein Musterbeispiel ist die zwischen 857 und 882 mehrfach verwendete Collectio de raptoribus, innerhalb deren erstmals wörtliche Zitate aus den pseudoisidorischen Dekretalen auftauchen; vgl. Victor Krause, Hincmar von Reims der Verfasser der sog. Collectio de raptoribus im Capitular von Quierzy 857, in: Neues Archiv der Gesellschaft für ältere deutsche Geschichtskunde 18 (1893) S. 303-308, Horst Fuhrmann, Einfluß und Verbreitung der pseudoisidorischen Fälschungen. Von ihrem Auftauchen bis in die neuere Zeit, Bd. 1-3 (MGH Schriften, Bd. 24/1-3; Stuttgart 1972-1974) Bd. 1 S. 211ff. – Zu weiteren Spuren dieser Arbeitstechnik vgl. Hinkmar, De divortio (wie Anm. 41) S. 74ff., Hinkmar, De cavendis vitiis (wie Anm. 41) S. 21ff., Streitschriften Hinkmars (wie Anm. 41) S. 102ff. Konkret überlieferte Exemplare unten Anm. 53.

und des weltlichen Rechts untergebracht worden sein[49]. Jedenfalls bedurften sie keiner ausdrücklichen Kennzeichnung ihres Urhebers, gar einer Widmung oder umrahmender Anfangs- und Schlußfloskeln. Sie erfüllten völlig ihren Zweck, wenn sie, allenfalls nach einer vorangestellten Angabe des thematischen Betreffs, schnörkellos die Quellenzitate aneinanderreihten, die man als einschlägig zusammengetragen hatte.

Derartige eigentlich transitorische Niederschriften von eher unscheinbarem Zuschnitt, versprengte Überreste aus einer größeren wissenschaftlich-literarischen Werkstatt, hatten es nicht leicht, von der modernen Forschung überhaupt wahrgenommen zu werden, soweit sie sich wider Erwarten doch in der Überlieferung erhalten haben. Bibliothekare, die den Inhalt frühmittelalterlicher Handschriften zu katalogisieren hatten, fixierten den Blick gern auf klar bezeichnete Autoren mit den ihnen zugewiesenen Werken und hatten weniger übrig für anonym daherkommende, aus sich heraus kaum datierbare Ansammlungen heterogener Zitate, die man leicht mit summarischen Formulierungen abtat[50]. Tatsächlich wird ihre Funktion und damit Entstehungszeit erst demjenigen ersichtlich, der herausfindet, von wem und wo das dargebotene Quellenmaterial weiterverarbeitet worden ist. In diesem Sinne hat sich ein kleinformatiger Codex in St. Gallen, angefüllt mit vermischtem Material grammatischen, komputistischen, historischen, medizinischen und landwirtschaftlichen Inhalts, meist Auszügen aus größeren Werken, Bernhard Bischoff als Vademecum, als jahrelang angereichertes persönliches Notizbuch des Walahfrid Strabo er-

49 So weisen Hinkmars Handexemplare der Collectio Dionysio-Hadriana (Berlin, Staatsbibl., Phillipps 1741; Paris, Bibl. nationale de France, lat. 12445) umfangreiche Ergänzungen um (u. a. römisch-rechtliches) Quellenmaterial auf, das dann in den Schriften des Erzbischofs Verwendung fand; vgl. Max Conrat (Cohn), Hinkmariana im Cod. Paris. Sangerm. 12445, in: Neues Archiv der Gesellschaft für ältere deutsche Geschichtskunde 35 (1910) S. 769-775, Jean Devisse, Hincmar et la loi (Université de Dakar. Publications de la section historique, Bd. 5; Dakar 1962) S. 41ff., Letha Böhringer, Der eherechtliche Traktat im Paris. Lat. 12445, einer Arbeitshandschrift Hinkmars von Reims, in: Deutsches Archiv für Erforschung des Mittelalters 46 (1990) S. 18-47, Streitschriften Hinkmars (wie Anm. 41) S. 104ff. Auch von der Kapitulariensammlung des Ansegis benutzte Hinkmar ein um weitere Kapitularien angereichertes Exemplar (Berlin, Staatsbibl., Phillipps 1762); vgl. Die Kapitulariensammlung des Ansegis, hg. von Gerhard Schmitz (MGH Capitularia regum Francorum, Nova series, Bd. 1; Hannover 1996) S. 83ff., 320ff.

50 Um ein beliebiges Beispiel zu nennen: Catalogue général des manuscrits des bibliothèques publiques de France. Départements, Bd. 6 (Paris 1887) S. 421f., resümiert als Inhalt von Vesoul, Bibliothèque municipale, 79 (11. Jh.) mit „Pénitentiel et Recueil de canons“ die anonyme Überlieferung u. a. mehrerer Kapitularien König Pippins, eines karolingerzeitlichen Tauftraktats und der bischöflichen Kapitel Theodulfs von Orléans, jetzt aufgeschlüsselt von Hubert Mordek, Bibliotheca capitularium regum Francorum manuscripta (MGH Hilfsmittel, Bd. 15; München 1995) S. 894-898.

schlossen, obgleich dessen Name darin nirgends begegnet[51]. Kaum zufällig gelingt es meist erst im Zuge der gründlicheren editorischen Bearbeitung wichtiger Autoren, die stets auch die Analyse ihrer Vorlagen und der Wege von deren Vermittlung einschließt, eben solche anonymen Stoffsammlungen zu identifizieren, die aufgrund signifikanter Übereinstimmungen mit den untersuchten Werken bei deren Abfassung Pate gestanden haben müssen, also von den Autoren angeregt und als Vorarbeit genutzt worden sind. So hat sich eine anonyme, nur als Druck unter dem Titel De benedictionibus dei bekannte patristische Kompilation als Vorstufe zu Hrabans umfangreicherem und weitverbreitetem Werk über die Klerikerbildung (De institutione clericorum) entpuppt[52], und die Hinkmar-Forschung vermochte teils in zeitgenössischen Handschriften, teils wiederum in frühneuzeitlichen Drucken nach verlorener Vorlage mehrfach ebenfalls anonyme themenbezogene Zitatketten (Dossiers) zu identifizieren, die ersichtlich als stoffliche Grundlage für Ausführungen des Erzbischofs über die christlichen Herrscherpflichten, über den Rechtscharakter der Ehe, über den Frauenraub, über den Meineid oder über straffällige Priester gedient haben[53]. Auch wenn unser Einblick überlieferungsbedingt stets lückenhaft bleiben wird, zeichnet sich doch dank solchen Entdeckungen einiger-

[51] Vgl. Bernhard Bischoff, Eine Sammelhandschrift Walahfrid Strabos (Cod. Sangall. 878), in: Aus der Welt des Buches. Festgabe zum 70. Geburtstag von Georg Leyh (75. Beiheft zum Zentralblatt für Bibliothekswesen; Leipzig 1950) S. 30-48, auch in: ders., Mittelalterliche Studien, Bd. 2 (wie Anm. 37) S. 34-51, Schmidt, Autographen (wie Anm. 20) S. 139ff., Hoffmann, Autographa (wie Anm. 21) S. 32ff.

[52] Vgl. Zimpel, Hrabanus Maurus (wie Anm. 46) S. 34ff.

[53] Vgl. Gerhard Laehr/Carl Erdmann, Ein karolingischer Konzilsbrief und der Fürstenspiegel Hincmars von Reims, in: Neues Archiv der Gesellschaft für ältere deutsche Geschichtskunde 50 (1935) S. 106-134, wo der S. 120-126 präsentierte Text „Capitula diversarum sententiarum pro negociis rei publice consulendis", Hauptvorlage von Hinkmars De regis persona et regio ministerio, S. 119 kaum zu Recht dem Reimser Erzbischof abgesprochen wird, ferner Rudolf Schieffer, Eine übersehene Schrift Hinkmars von Reims über Priestertum und Königtum, in: Deutsches Archiv für Erforschung des Mittelalters 37 (1981) S. 511-528 (fragmentarisch überlieferte Vorlage für Hinkmars Ad episcopos und De regis persona), Böhringer, Traktat (wie Anm. 49) („Quid sit legale coniugium vel quid non", Vorlage für Hinkmars De divortio), Hinkmar, De divortio (wie Anm. 41) S. 66ff. (u. a. über De raptu viduarum und das „periurium-Dossier" als Vorlagen für De divortio), jüngst Gerhard Schmitz, De presbyteris criminosis. Ein Memorandum Erzbischof Hinkmars von Reims über straffällige Kleriker (MGH Studien und Texte, Bd. 34; Hannover 2004) („Canones sanctorum patrum" bzw. „De accusatoribus ac testibus in presbiteros et quomodo se defendant", Vorlage für das von Hinkmar formulierte Schreiben Karls des Kahlen an Papst Johannes VIII. von 877), Martina Hartmann, Collectio contra haereticos et de privilegiis multarum sedium. Ein bislang übersehenes Werk Hinkmars von Reims in der Centuriatoren-Handschrift ÖB Basel O II 29, in: Catalogus und Centurien. Interdisziplinäre Studien zu Matthias Flacius und den Magdeburger Centurien, hg. von Arno Mentzel-Reuters/Martina Hartmann (Spätmittelalter, Humanismus, Reformation, Bd. 45; Tübingen 2008) S. 211-231.

maßen deutlich ab, wie es Hinkmar, gestützt auf vorgefertigte Versatzstücke mit Quellenmaterial, überhaupt gelingen konnte, innerhalb weniger Monate ein Werk wie die Streitschrift der 55 Kapitel im Umfang von 230 Druckseiten in Quart zu Pergament zu bringen.

Der Typus des anonym angelegten Katalogs von Quellenauszügen nach sachlichen Gesichtspunkten und ohne weitere Erläuterung blieb indes im 9. Jahrhundert nicht auf die dienende Funktion als Arbeitsbehelf für eigentlich erst zur Verbreitung gedachte eigene Werke beschränkt, sondern konnte, zumal im Berich der Patristik und Exegese, auch zum Selbstzweck werden und findet insoweit ein wachsendes Interesse der neueren Forschung. Zwar ist die systematisch aus den Kirchenvätern geschöpfte Exzerptsammlung des Hadoardus von Corbie, nach Bischoff „perhaps the oldest attempt at a handbook of Augustine theology“[54], nach wie vor ungedruckt, doch liegt seit kurzem in drei Bänden abgeschlossen der erstmalige Druck des umfänglichen Florilegs vor, worin der schon erwähnte Diakon Florus von Lyon aus zwölf verschiedenen Kirchenvätern deren Sentenzen zu den einzelnen Paulus-Briefen des Neuen Testaments zusammengestellt hat[55]. Ebenso wie bei den weiteren Florilegien, die Florus aus Lyoner Handschriften über die Bezugnahmen des Augustinus, des Hieronymus und Gregors des Großen auf Paulus schöpfte[56], kann hier schon aus quantitativen Gründen und wegen der vielfältigen sonstigen Aktivitäten des Autors nicht ernstlich von Vorarbeiten für noch größere Werke die Rede sein, sondern eher von einem bewußten Angebot an interessierte Leser, sich den gezielten Einstieg in die patristische Paulus-Exegese zu erleichtern. Bemerkenswert erscheint, daß jedoch nicht anders als bei einem intern-privaten Arbeitsbehelf der Urheber der riesigen Stoffsammlung namentlich im Hintergrund bleibt, weshalb das Augustinus-Florileg jahrhundertelang irrig Beda

54 Bischoff, Hadoardus (wie Anm. 24) S. 42 bzw. 50; vgl. Michael M. Gorman, The Manuscript Traditions of St. Augustine's Major Works, in: Atti del Congresso internazionale su S. Agostino nel XVI Centenario della Conversione, Bd. 1 (Studia Ephemeridis Augustinianum, Bd. 24; Roma 1987) S. 381-412, hier S. 409, auch in: ders., The Manuscript Traditions of the Works of St. Augustine (Millennio Medievale 27; Tavarnuzze 2001) S. 315-346, hier S. 343; Ganz, Corbie (wie Anm. 23) S. 97ff.

55 Flori Lugdunensis Collectio ex dictis XII patrum, cura et studio Paul-Irenée Fransen, Bertrand Coppieters 't Wallant, Roland Demeulenaere, Bd. 1-3 (Corpus Christianorum, Continuatio Mediaevalis 193-193B; Turnhout 2002-2007); vgl. Klaus Zechiel-Eckes, in: Deutsches Archiv für Erforschung des Mittelalters 58 (2002) S. 665f., 63 (2007) S. 239f., 64 (2008) S. 706f.

56 Vgl. Célestin Charlier, La compilation augustinienne de Florus sur l'Apôtre. Sources et authenticité, in: Revue bénédictine 57 (1947) S. 132-186 (annähernd 4000 Exzerpte), Paul-Irenée Fransen, Description de la collection hiéronymienne de Florus de Lyon sur l'Apôtre, ebd. 94 (1984) S. 195-228 (265 Exzerpte), ders., Description de la collection grégorienne de Florus de Lyon sur l'Apôtre, ebd. 98 (1988) S. 278-317 (332 Exzerpte).

zugeschrieben werden konnte und auch beim 12-Väter-Florileg die Zuweisung an Florus allein einem Kolophon am Textschluß in der Haupt-Handschrift des 11. Jahrhunderts zu entnehmen ist, letztlich also auch nur auf dem wissenschaftlich ergründeten engen Zusammenhang mit den Spuren von Florus' Exzerpiertechnik in den Codices der Lyoner Kathedralbibliothek beruht[57].

Daß ein Mann wie Florus, der sich in anderen Teilen seines vielseitigen Oeuvres höchst individuell und streitbar in Szene zu setzen wußte[58], seine mit viel Fleiß und keineswegs bloß nebenher erarbeiteten patristischen Belegsammlungen offenbar bewußt nicht unter dem eigenen Namen aus der Hand gab, vielleicht weil er die geistige Leistung im Grunde eher den wiedergegebenen Kirchenvätern zubilligen mochte, scheint kein Einzelfall zu sein. Jedenfalls fällt an der vor zehn Jahren erschienenen erstmaligen Edition der Aktenstücke über die Aachener Synode von 809 auf, daß drei der fünf Gutachten, die Karl der Große zum Streit um den Zusatz des Wortes Filioque im Credo mit dem Ziel in Auftrag gab, die Vereinbarkeit mit der älteren theologischen Tradition zu prüfen, als anonyme Sammlungen von einschlägigen Bibel- und Väterexzerpten vorliegen und nur Smaragdus von Saint-Mihiel († um 830) sowie Theodulf von Orléans († 821) als Autoren ihrer ganz ähnlichen Belegreihen in Erscheinung treten[59]. Nicht anders präsentiert sich das Opus Caroli regis contra synodum, die sog. Libri Carolini von etwa 793, als die unter dem Namen des Königs erteilte Antwort der fränkischen Theologie auf das Konzil von Nicaea 787, um deren Abfassung durch Alkuin oder Theodulf lange erbittert gestritten werden konnte[60]. Den Blick auf eine völlig namenlose Sphäre karolingerzeitlicher Gelehrsamkeit hat im übrigen 2006 Arno Borst mit seiner großen Ausgabe von 20 komputistischen, also Probleme der Zeitrechnung betreffenden Texten eröffnet, von denen kein einziger einen Verfassernamen aufweist[61]. Das kann gewiß nicht bloß an ihrem kompilatorischen Zuschnitt liegen, der durchaus unterschiedlich ausgeprägt ist, sondern muß noch andere, vermutlich gattungsspezifische Gründe haben. Leider läßt sich über die ursprüngliche Gestalt der

57 Vgl. Flori Collectio (wie Anm. 55) Bd. 1 S. XXXIVf.

58 Vgl. Zechiel-Eckes, Florus (wie Anm. 42) S. 218ff.

59 Vgl. Das Konzil von Aachen 809, hg. von Harald Willjung (MGH Concilia, Bd. 2 Suppl. 2; Hannover 1998), wo mit unterschiedlicher Sicherheit als weitere beteiligte Autoren Erzbischof Arn von Salzburg (S. 43ff.), Bischof Haito von Basel (S. 213ff.) und Bischof Adalwin von Regensburg (S. 224) erschlossen werden. Das als Ergebnis der Enquête dem Papst übersandte Decretum Aquisgranense (S. 237-249) präsentiert sich ebenfalls ohne Verfasserangabe.

60 Vgl. Opus Caroli regis contra synodum (Libri Carolini), hg. von Ann Freeman unter Mitwirkung von Paul Meyvaert (MGH Concilia, Bd. 2 Suppl. 1; Hannover 1998) S. 12ff.

61 Schriften zur Komputistik im Frankenreich von 721 bis 818, hg. von Arno Borst, Bd. 1-3 (MGH Quellen zur Geistesgeschichte des Mittelalters, Bd. 21; Hannover 2006) Bd. 1 S. 142ff.

Verbreitung dieser Texte kaum etwas sagen, da sie fast alle nur sekundär aus Sammelhandschriften bekannt sind.

Festzuhalten bleibt somit, daß es zwei Kategorien von anonym überliefertem wissenschaftlichen Schrifttum des 9. Jahrhunderts gegeben hat: neben den informellen Arbeitsbehelfen aus strukturierten Lesefrüchten, die zum größten Teil verlorengegangen sein dürften, aber da und dort eben doch eher ungewollt zum Vorschein kommen, offenbar auch eine Anzahl von kompilatorischen Werken ganz verschiedenen Inhalts, die ersichtlich auch für fremde Augen bestimmt waren und aus der Hand gegeben wurden, ohne ihren Urheber namentlich zu nennen. Das ist bedeutsam im Hinblick auf die Frage, was wir uns unter der Fertigstellung und Veröffentlichung eines damaligen wissenschaftlichen Werkes vorzustellen haben. Als wichtigstes, im Grunde entscheidendes Kriterium gilt mit Recht die Widmung, worin sich der Autor zu erkennen gibt und zugleich in Beziehung zu einer mindestens gleichrangigen, in der Regel höhergestellten Persönlichkeit tritt[62]. Alle uns bekannten Prosawerke Alkuins, Hrabans, Hinkmars und anderer tragen in diesem Sinne Briefcharakter, auch wenn sie weit über ein einzelnes Pergamentblatt hinaus die Größenordnung eines Heftes oder gar eines Codex von etlichen Lagen annahmen. Sie müssen folglich als Auftakt ihrer Wirkungsgeschichte dem Empfänger in Gestalt einer präsentablen Reinschrift überreicht oder übersandt worden sein. Inwieweit sich solche Exemplare im Einzelfall erhalten haben, ist ein Problem von eigener Art. Wenn man zur Bedingung macht, daß die betreffende Handschrift zwar nicht unbedingt fehlerfrei sein, aber paläographisch dem Scriptorium des Urhebers entstammen und über die Bibliothek des Bewidmeten überliefert sein sollte, kommt unter den sechs erhaltenen Prachtcodices, die Hrabanus Maurus von seinem kommentierten Figurengedicht De laudibus sanctae crucis in Fulda hat herstellen lassen, am ehesten die heute vatikanische Handschrift in Betracht, die dem Mainzer Erzbischof Otgar gewidmet wurde, freilich erst viele Jahre nach der Abfassung des Werkes[63]. Von Hrabans Martyrologium liegt die älteste, gewiß zu seinen Lebzeiten entstandene Kopie bis heute in St. Gallen,

[62] Über die Karl dem Kahlen gewidmeten zeitgenössischen Werke vgl. Rosamond McKitterick, Charles the Bald (823-877) and his library: the patronage of learning, in: The English Historical Review 95 (1980) S. 28-47, auch in: dies., The Frankish Kings and Culture in the Early Middle Ages (Aldershot 1995) Nr. V.

[63] Vatikan, Bibl. Apost., Regin. lat. 124; vgl. Michel Perrin, Le De laudibus sanctae crucis de Raban Maur et sa tradition manuscrite au IXe siècle, in: Revue d'histoire des textes 19 (1989) S. 191-251, hier S. 207ff., Herrad Spilling, Opus Magnentii Rabani Mauri in honorem sanctae crucis conditum. Rabans Beziehung zu seinem Werk (Fuldaer Hochschulschriften, Bd. 18; Frankfurt a. M. 1992) S. 31ff., Rabani Mauri In honorem sanctae crucis, cura et studio Michel Perrin (Corpus Christianorum, Continuatio Mediaevalis, Bd. 100; Turnhout 1997) S. XIXff.

dessen Abt Grimald einer der beiden Empfänger einer Widmung war[64]. Mehrfach sind im Bibliotheksbestand des Klosters Corbie am Ort geschriebene frühe Exemplare mit Werken der dortigen Autoren Paschasius Radbertus und Ratramnus († um 870) zu identifizieren, bei denen allerdings die Verwendung zur Widmung an auswärtige Empfänger ungewiß bleibt[65]. Genau ins Suchschema paßt dagegen der berühmte St. Galler Klosterplan, eine auf der Reichenau angefertigte und beschriftete Zeichnung mit Widmung an Abt Gozbert von St. Gallen (816-837), wo die Pergamentblätter demgemäß seit bald 1200 Jahren aufbewahrt werden[66].

Was solchen Reinschriften unmittelbar vorausging, können wir uns bloß in der Phantasie ausmalen, denn Aufzeichnungen mit den augenscheinlichen Merkmalen eines Konzepts, also vielleicht in nachlässigerer Schrift mit markanten Redaktionsspuren im Text, womöglich noch auf losen Blättern, sind meines Wissens nirgends erhalten. Derlei, das es in der einen oder anderen Form auf dem Wege von der ersten Materialsichtung hin zur endgültigen Fixierung der Werke gegeben haben muß, hatte offensichtlich keinerlei Aussicht auf längere Aufbewahrung.

Näher veranschaulichen läßt sich indes dank jüngerer editorischer Forschungen, wie man in Reims unter Erzbischof Hinkmar die Textgestalt und die Überlieferungsform von dessen Schriften zu prägen gewohnt war. Auszugehen ist von einem Testimonium in der Vorrede zum umfangreichen Werk De praedestinatione vom Anfang des Jahres 860, wo sich Hinkmar beim Leser vorsorglich dafür entschuldigt, daß er den vorliegenden Text auf Drängen König Karls des Kahlen „von den Blättern der Notare vor ihrer Bereinigung in Eile habe abschreiben lassen“ (*de ipsis scedulis notariorum ante emendationem ... sub celeritate illud transcribi fecimus*) und „deshalb an vielen Stellen die Notwendigkeit zu gewissen Rasuren und Korrekturen bestehe“ (*idcirco in locis plurimis eradi et emendari quaedam necessitas compulit*)[67]. Da von der besagten Schrift über die Vorherbestimmung keine handschriftliche Überlieferung mehr

[64] Vgl. Rabani Mauri Martyrologium, ed. John McCulloh (Corpus Christianorum, Continuatio Mediaevalis, Bd. 44; Turnhout 1979) S. XLff.

[65] Siehe oben Anm. 24.

[66] St. Gallen, Stiftsbibl., 1092; vgl. Bernhard Bischoff, Die Entstehung des Klosterplanes in paläographischer Sicht, in: Studien zum St. Galler Klosterplan, hg. von Johannes Duft (Mitteilungen zur vaterländischen Geschichte, Bd. 42; St. Gallen 1962) S. 67-78, auch in: ders., Mittelalterliche Studien, Bd. 1 (wie Anm. 24) S. 41-49, neuerdings Walter Berschin, Der St. Galler Klosterplan als Literaturdenkmal, in: Studien zum St. Galler Klosterplan II, hg. von Peter Ochsenbein/Karl Schmuki (Mitteilungen zur vaterländischen Geschichte, Bd. 52; St. Gallen 2002) S. 107-150, auch in: ders., Mittellateinische Studien (Heidelberg 2005) S. 127-156, der S. 112f. bzw. S. 132f. neben Abt Gozbert auch dessen gleichnamigen Neffen als Adressaten in Betracht zieht.

[67] Hinkmar, Brief 131, hg. von Ernst Perels (MGH Epistolae, Bd. 8/1; Berlin 1939) S. 68 Z. 18ff.

existiert, können wir uns von den angedeuteten Mängeln kein genaues Bild machen. Doch von drei anderen Werken Hinkmars, nämlich dem Gutachten zum Ehestreit König Lothars II. von ebenfalls 860, der zehn Jahre jüngeren Zurückweisung der Rechtsstandpunkte des Neffen Hinkmar von Laon im Werk der 55 Kapitel und der nur ungenau datierbaren kleinen moraltheologischen Schrift über die Vermeidung der Laster und die Übung der Tugenden[68], besitzen wir zeitgenössische Reimser Exemplare, die nach dem zu Beginn von De praedestinatione als gebräuchlich beschriebenen Verfahren zustandegekommen sein dürften[69]. Alle drei Codices bieten eine ziemlich sorgfältige Reinschrift des jeweiligen Werkes, woran zwischen drei und sieben Schreiberhände beteiligt waren. Sie haben nicht etwa ein Buch gleicher Art kopiert, denn bei näherem Hinsehen zeigt sich, daß die Schreiber teilweise einander abgelöst, teilweise aber auch zeitgleich an verschiedenen Lagen gearbeitet haben, ohne den Umfang des vorgegebenen Textes bereits zeilengenau vorausberechnen zu können. Nach der somit erstmaligen Niederschrift in Buchform wurde der Text alsbald von den Schreibern selbst, aber auch von zuvor unbeteiligten Korrekturhänden auf kleinere Versehen oder Auslassungen hin durchkorrigiert, wozu anscheinend mehrere Arbeitsgänge erforderlich waren. In dem so erreichten Entwicklungsstadium hätten sich diese Codices vermutlich als Widmungsexemplare geeignet, und im Falle der moraltheologischen Schrift De cavendis vitiis zeigt sich auch eine Außenwirkung, insofern der durch diese elementaren Korrekturen herbeigeführte Textzustand zum Ausgangspunkt für über 30 weitere mittelalterliche Kopien geworden ist[70], die die hohe Beliebtheit des Werkes belegen. Man könnte also sagen, daß De cavendis vitiis durch eben dieses heute in Oxford anzutreffende Exemplar für alle Zeiten „veröffentlicht" worden ist.

Freilich scheint die Oxforder Handschrift erst im 17. Jahrhundert nach England gelangt zu sein und befand sich ebenso wie die beiden anderen (heute in Paris aufbewahrten) Codices mit De divortio Lotharii und den 55 Kapiteln während des ganzen Mittelalters weiter in Reims, ist also nicht nach auswärts gegeben worden. Daß Erzbischof Hinkmar die Codices als Archivexemplare in seiner Reichweite behielt, um darauf auch nach Abschluß der jeweiligen Arbeit

[68] Siehe oben Anm. 41.

[69] Paris, Bibl. nationale de France, lat. 2866 (De divortio), lat. 2865 (55 Kapitel), Oxford, Bodleian Libr., e Mus. 157 (De cavendis vitiis); vgl. Frederick M. Carey, The Scriptorium of Reims during the Archbishopric of Hincmar (845-882 A. D.), in: Classical and Mediaeval Studies in Honor of Edward Kennard Rand, ed. by Leslie Webber Jones (New York 1938) S. 41-60, hier S. 58 (noch mit Datierung auf 882-900), Devisse, Hincmar (wie Anm. 22) Bd. 2 S. 945ff. (bereits mit Datierung zu Hinkmars Lebzeiten, ohne weitere Präzisierung), zur Oxforder Handschrift auch Bischoff, Katalog (wie Anm. 18) Bd. 2 S. 363f. Nr. 3797 („IX. Jh., 3./4. Viertel").

[70] Vgl. Hinkmar, De cavendis vitiis (wie Anm. 41) S. 49f.

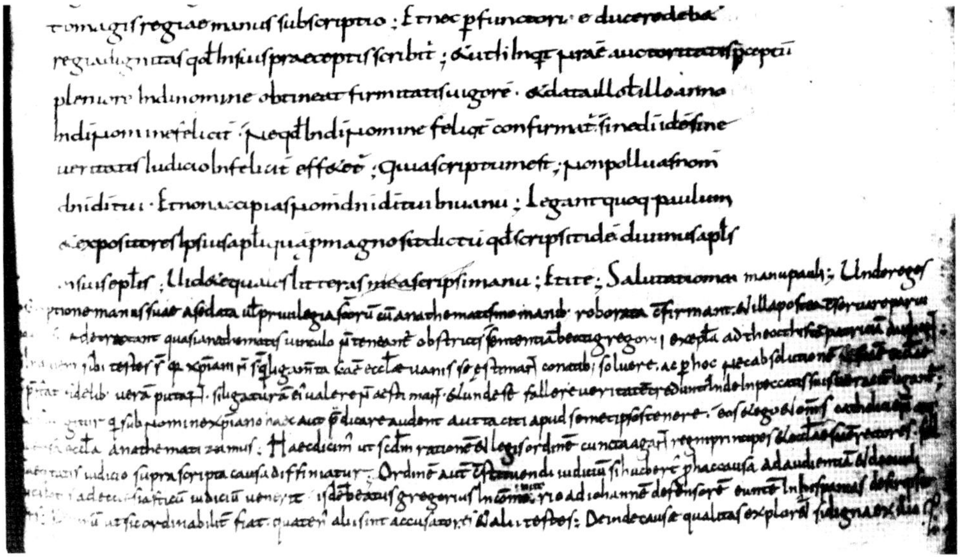

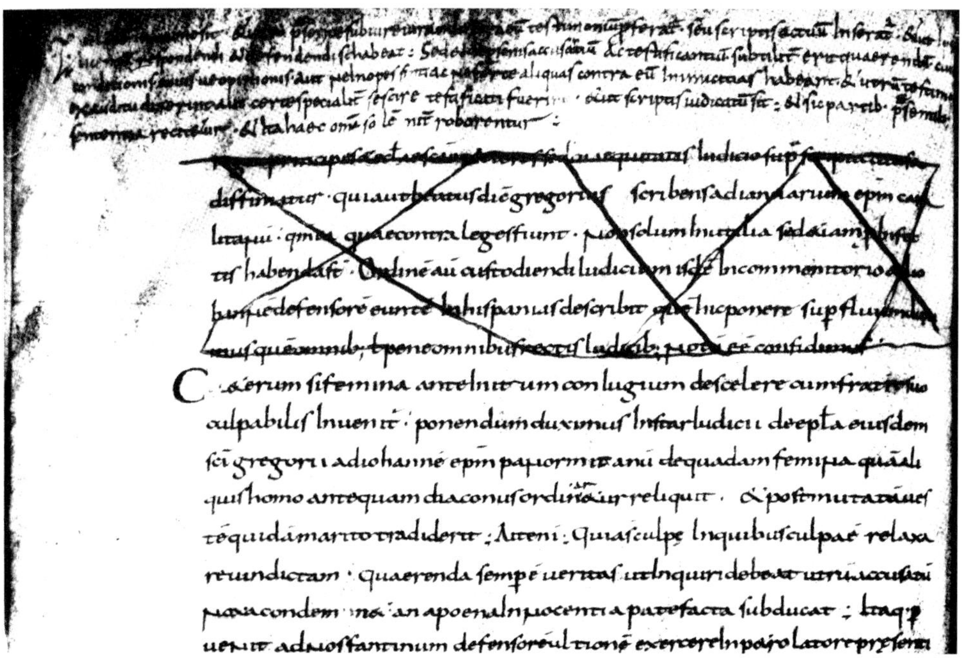

Abb. 4: Paris, Bibl. nationale de France, lat. 2866, fol. 64r/v (Hinkmar, De divortio Lotharii): Nachträgliche Texterweiterung

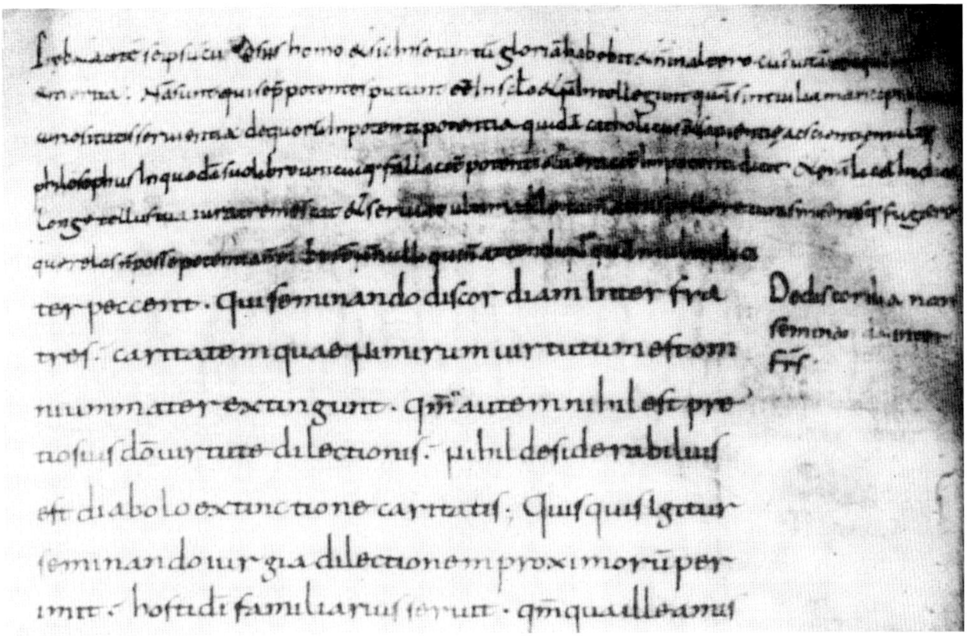

Abb. 5: Oxford, Bodleian Libr., e Mus. 157, fol. 48r (Hinkmar, De cavendis vitiis): Nachträgliche Texterweiterung

jederzeit zurückgreifen zu können, zeigt sich an tiefgreifenden Veränderungen, die nachträglich an den Texten vorgenommen wurden und bald schon den ursprünglichen Eindruck einer sauberen Reinschrift empfindlich trübten. Anders als bei den anfänglichen Ausbesserungen simpler Schreibfehler ging es nun um inhaltliche Eingriffe, wozu man bestehenden Text durchstrich oder ausradierte, Zusätzliches in engerer Schrift auf den Seitenrändern und zwischen den Zeilen einfügte, ganze Blätter herauslöste und durch andere mit neuem Text ersetzte (Abb. 4, 5)[71]. Auch wenn wegen der rabiaten Prozedur ein wörtlicher Vergleich

[71] Vgl. Hinkmar, De divortio (wie Anm. 41) S. 39ff., Hinkmar, De cavendis vitiis (wie Anm. 41) S. 33ff., Streitschriften Hinkmars (wie Anm. 41) S. 114ff. Texterweiterungen durch Hinkmar selbst sind durch Vergleich divergierender Abschriften auch bei der Collectio de ecclesiis et capellis von 857/58 zu erschließen; vgl. Hinkmar von Reims, Collectio de ecclesiis et capellis, hg. von Martina Stratmann (MGH Fontes iuris Germanici antiqui, Bd. 14; Hannover 1990) S. 36ff. In geringerem Ausmaß ist das Phänomen auch in der Reimser Handschrift der Akten der gegen den jüngeren Hinkmar gerichteten Synode von Douzy (871) zu beobachten; vgl. Die Konzilien der karolingischen Teilreiche 860-874, hg. von Wilfried Hartmann (MGH Concilia, Bd. 4; Hannover 1998) S. 412.

der jüngeren Fassung mit der älteren längst nicht überall möglich ist, zeigt sich insgesamt doch ein deutlicher Hang zur Ausweitung. Durchweg geht es um die Einfügung weiterer Zitate oder um kommentierende Einschübe in vorhandene Zitate und vor allem um den Ausbau des Gedankengangs durch vorher nicht gebotene Argumente, Bewertungen und Exkurse bis hin zur Neufassung ganzer Kapitel. Darin spiegelt sich der Fortgang der Auseinandersetzungen um Lothars Ehe ebenso wider wie später der Streit um Bischof Hinkmar von Laon, was zur Spekulation um die präzise Datierung bestimmter Einschübe einlädt[72]. Daneben manifestiert sich aber auch bloß die wachsende Belesenheit des Autors, der seiner Schrift über die Vermeidung der Laster eben gern noch ein Zitat aus Boethius einfügt oder einen Brief Leos des Großen zur Sprache bringt, den er auch sonst erst ab 878 gekannt zu haben scheint[73]. Schritt für Schritt bewegten sich so die 860 bzw. 870 pünktlich abgeschlossenen Werke Hinkmars unter seinen Augen auf „Ausgaben letzter Hand“ hin, was im Falle der 55 Kapitel auch tatsächlich faßbar wird, denn die drei jüngeren Kopien des Werkes aus dem 11., 12. und 16. Jahrhundert geben nur das Endergebnis aller Veränderungen in dem Reimser Ausgangs-Codex wieder[74], während die ganz situationsbezogene Schrift De divortio Lotharii gar keine Abschreiber in späterer Zeit gefunden zu haben scheint.

Das Gesamtresultat aller Korrekturen bestimmte bis vor einigen Jahren auch das gedruckte Erscheinungsbild von Hinkmars 55 Kapiteln, wie es sich in Mignes Patrologia latina darbot[75]. Die Neuausgabe der Monumenta hatte nicht allein diesen Text nachzuprüfen und punktuell zu verbessern, sondern vor allem seine Entstehungsgeschichte aufzuklären, die mit der Materialsammlung in bestimmbaren Handschriften der Reimser Bibliothek begann und über informelle Arbeitsbehelfe und Konzepte zu einer termingerechten Erstfassung führte, damit aber keineswegs beendet war, denn der Autor (samt manchen Helfern) blieb weiter mit der quellenmäßigen Anreicherung und inhaltlichen Ausweitung seiner Darlegungen beschäftigt. Exemplarisch zeigt sich, wie die durch und durch autoritätsgläubige Einstellung des 9. Jahrhunderts eine Dynamik immer gründlicherer Erforschung der Überlieferung in Gang setzte, die seither nicht mehr erloschen ist. Sie wird umso deutlicher in unser Blickfeld treten, je mehr Abhandlungen aus dem 9. Jahrhundert nach ihren handschriftlichen Voraussetzungen analysiert und auf dieser Basis kritisch ediert werden.

72 Exakte zeitliche Festlegungen sind kaum möglich, doch deuten Indizien sowohl bei De divortio wie bei den 55 Kapiteln darauf hin, daß die Ergänzungen zumindest ganz überwiegend in den ersten beiden Jahren nach der Abfassung und Reinschrift der Werke vorgenommen wurden; vgl. Hinkmar, De divortio (wie Anm. 41) S. 60ff., Streitschriften Hinkmars (wie Anm. 41) S. 115f.

73 Vgl. Hinkmar, De cavendis vitiis (wie Anm. 41) S. 34f., 172, 262.

74 Vgl. Streitschriften Hinkmars (wie Anm. 41) S. 129.

75 Migne, Patrologia latina, Bd. 126 Sp. 282-494 (nach Jacques Simond, 1645).

Veröffentlichungen der Nordrhein-Westfälischen Akademie der Wissenschaften und der Künste

Lieferbare Titel

VORTRÄGE GEISTESWISSENSCHAFTEN

---

404 Karl Reichl, Bonn
Die Anfänge der mittelenglischen, weltlichen Lyrik: Text, Musik, Kontext
2005. 68 Seiten, 5 s/w-Abb.,
ISBN 3-506-75682-6 € 16,90/CHF 30,10

---

405 Otto Zwierlein, Bonn
Hippolytos und Phaidra: Von Euripides bis D'Annunzio. Mit einem Anhang zum Jansenismus
2006. 79 Seiten, 6 s/w-Abb.,
ISBN 3-506-75694-X € 17,90/CHF 30,60

---

406 Peter Wunderli, Düsseldorf
Das Franko-Italienische. Eine literarische Mischsprache und ihre Charakteristika
2006. 113 Seiten,
ISBN 978-3-506-75721-0 € 26,90/CHF 45,80

---

407 Josef Isensee, Bonn
Salus publica – suprema lex? Das Problem des Gemeinwohls in der freiheitlichen Demokratie
2006. 69 Seiten,
ISBN 978-3-506-76339-6 € 16,90/CHF 29,70

---

408 Martin Honecker, Bonn
Ökumene im 21. Jahrhundert
2007. 31 Seiten, 3 s/w-Abb.,
ISBN 978-3-506-76336-5 € 8,90/CHF 16,30

---

409 Werner Besch, Bonn
Wege und Irrwege der deutschen Rechtschreibreform von 1998.
Korrekturen des 2004 eingesetzten Rates für deutsche Rechtschreibung
2007. 26 Seiten, 6 s/w-Abb.,
ISBN 978-3-506-76337-2 € 8,90/CHF 16,30

---

410 Otto Pöggeler, Bonn
Braucht Theologie Philosophie? Von Bultmann und Heidegger bis Voegelin und Assmann
2007. 32 Seiten,
ISBN 978-3-506-76372-3 € 10,90/CHF 19,70

---

411 Thomas Söding, Wuppertal
Ereignis und Erinnerung. Die Geschichte Jesu im Spiegel der Evangelien
2007. 57 Seiten,
ISBN 978-3-506-76406-5 € 12,90/CHF 23,00

412 Wolfram Hogrebe, Bonn
Von der Hinfälligkeit des Wahren und der Abenteuerlichkeit des Denkers. Eine Studie zur Philosophie Oskar Beckers
2007. 34 Seiten,
ISBN 978-3-506-76410-2 € 8,90/CHF 16,30

413 Klaus Bergdolt, Köln
Das Auge und die Theologie. Naturwissenschaften und „Perspectiva" an der päpstlichen Kurie in Viterbo (ca. 1260-1285)
2007. 55 Seiten, 3 4C- und 2 s/w-Abb.,
ISBN 978-3-506-76475-1 € 14,90/CHF 26,80

414 Bernhard König, Köln
Petrarcas *Rerum vulgarium fragmenta* als Liederbuch (Canzoniere). Zum 700. Geburtstag des Dichters am 20. Juli 2004
2007. 33 Seiten, 1 4C- und 1 s/w-Abb.,
ISBN 978-3-506-76477-5 € 8,90/CHF 16,50

415 Karl-Heinz Menke, Bonn
Der Leitgedanke Joseph Ratzingers. Die Verschränkung von vertikaler und horizontaler Inkarnation
2008. 70 Seiten,
ISBN 978-3-506-76567-3 € 14,90/CHF 26,80

416 Hartmut Steinecke, Paderborn
Heinrich Heine im Dritten Reich und im Exil
2008. 70 Seiten,
ISBN 978-3-506-76688-5 € 16,90/CHF 30,10

417 Bernhard Großfeld, Münster
Ordnungsgesänge: Interkulturelle Begegnung
2008. 57 Seiten,
ISBN 978-3-506-76696-0 € 16,90/CHF 30,10

418 Günther Jakobs, Bonn
Rechtszwang und Personalität
2008. 47 Seiten,
ISBN 978-3-506-76755-4 € 12,90/CHF 23,50

419 Peter Thiergen, Bamberg
Deutsche Anstöße der frühen russischen Nihilismus-Diskussion des 19. Jahrhunderts
2008. 42 Seiten,
ISBN 978-3-506-76764-6 € 12,90/CHF 23,50

420 Nikolaus Himmelmann, Bonn
Der Ausruhende Herakles
2009. 216 Seiten, 90 s/w-Abb.,
ISBN 978-3-506-76786-8 € 63,90/CHF 108,00

421 Harald Mielsch, Bonn
Überlegungen zum Wandel der Bestattungsformen in der römischen Kaiserzeit
2009. 37 Seiten, 30 s/w-Abb.,
ISBN 978-3-506-76874-2 € 12,90/CHF 23,50

422 Hans Rothe, Bonn
Puškin. Schicksal des Dichters, Wandlungen seiner Dichtung
Nebst zwei Anhängen: 1. Zur Bildungsgeschichte vor Puškin und mit Beziehung auf ihn, 2. Zu Puškins Verskunst
2009. X + 150 Seiten,
ISBN 978-3-506-76875-9 € 40,90/CHF 71,20